MAURICE BLOUET

NOUVELLES

MANIPULATIONS DE CHIMIE

HACHETTE & CIE

NOUVELLES

MANIPULATIONS DE CHIMIE

A LA MÊME LIBRAIRIE

A. Joly et R. Lespieau. **Nouveau Cours de Chimie**, rédigé conformément aux programmes officiels de l'Enseignement secondaire du 31 mai 1902 :

Nouveau Précis de Chimie. Lettres-Mathématiques (1ᵉ et 3ᵉ B ; 2ᵉ et 1ʳᵉ D; Philosophie A B; Mathématiques élémentaires. — Baccalauréats Latin-Sciences, Sciences-Langues vivantes, Philosophie et Mathématiques). (Comprenant les 3 fascicules réunis). Un vol. in-16, avec fig., cart. toile. . . . . 6 fr. »

Nouveau Précis de Chimie. Classes de Lettres (1ᵉ et 3ᵉ B; 2ᵉ et 1ʳᵉ C D ; Philosophie A B. — Baccalauréats Latin-Sciences, Sciences-Langues vivantes et Philosophie). (Comprenant les deux premiers fascicules). Un vol. in-16, avec figures, cart. toile . . . . . 4 fr. »

On vend séparément :

1ᵉʳ fascicule. *Généralités, Métalloïdes.* — (1ᵉ B et 2ᵉ C D). Un volume in-16, cart. toile. . . . . 2 fr. »

2ᵉ fascicule. *Métaux.* — *Chimie organique.* — 3ᵉ B; 1ʳᵉ C D. — Baccalauréats 1ʳᵉ partie Latin-Sciences; Sciences-Langues vivantes). Un volume in-16, cart. toile . . . . 2 fr. »

3ᵉ fascicule. *Chimie générale, Analyse.* — (Mathématiques élémentaires et Baccalauréat-Mathématiques). Un vol. cart. toile 2 fr. »

Joly (A.). **Cours élémentaire de Chimie**, à l'usage des candidats aux divers Baccalauréats et aux Écoles du Gouvernement. Trois vol. in-16, brochés.

Chimie générale. Métalloïdes. nouvelle édition entièrement refondue conformément à l'arrêté ministériel du 27 juillet 1905 par M. Lespieau, chargé de conférences à l'École normale supérieure. Un vol. in-16 broché . . . . 3 fr. »

Métaux et Chimie organique, 1ᵉ édit. revue par M. Lespieau. Un vol . . . . 3 fr. »

Manipulations chimiques, 2ᵉ édit. Un vol. in-16 broché. 2 fr. 50

Cartonnage toile de chaque volume. . . . . 50 c.

Joly (A.). **Précis de Chimie**, à l'usage de l'enseignement secondaire des jeunes filles, des écoles normales primaires, des écoles d'agriculture et de l'enseignement primaire supérieur. 7ᵉ édition revue et corrigée. Un vol. in-16 cart. toile . . . . 3 fr. »

Éléments de Chimie, rédigés d'après les programmes de 1890. Un vol. in-16, cartonnage toile . . . . 3 fr. »

57931. — Imprimerie Lahure, rue de Fleurus, 9, à Paris.

MAURICE BLOUET

Préparateur de Chimie, chef de laboratoire au Collège Chaptal

NOUVELLES
MANIPULATIONS DE CHIMIE

RÉDIGÉ CONFORMÉMENT AUX PROGRAMMES OFFICIELS DU 31 MAI 1902

Classes de Seconde et de Première C et D
LATIN-SCIENCES — SCIENCES-LANGUES VIVANTES

AVEC UNE PRÉFACE DE M. R. LESPIEAU

EXERCICES PRATIQUES

CORRESPONDANT AU

NOUVEAU PRÉCIS DE CHIMIE DE MM. JOLY ET LESPIEAU

PARIS
LIBRAIRIE HACHETTE ET Cie

79, BOULEVARD SAINT-GERMAIN, 79

1906

PRÉFACE

Les programmes de 1902 ont donné à l'enseignement pratique des sciences expérimentales une importance qu'il n'avait pas; c'est une excellente mesure, surtout parce qu'elle est de nature à amener d'autres perfectionnements encore: si l'élève, sorti de la salle de manipulations, n'en était pas rigoureusement exclu pour huit jours; s'il pouvait laisser en train, pendant quelques heures, une opération, qui, bien réglée, marche d'elle-même, on le verrait effectuer avec succès nombre de préparations intéressantes, lesquelles actuellement ne sont point entreprises, ou, ce qui est pire, menées à bout.

Néanmoins, pour court qu'il soit, le séjour au laboratoire sera profitable si l'on évite rigoureusement toute perte de temps, et cela exige, entre autres choses, que l'élève arrive sachant d'avance ce qu'il va faire et comment il va le faire. Malheureusement la durée des classes est brève, et le professeur n'y trouve que difficilement le temps nécessaire aux explications pratiques; toutefois cette tâche du maître, de difficile qu'elle était, deviendra relativement aisée, s'il met entre les mains de ses élèves l'ouvrage de M. Blouet.

On y trouve, en effet, les manipulations fondamentales, et l'auteur, depuis plusieurs années en contact avec des élèves jeunes, les a si clairement et si complètement décrites, qu'un débutant, pourvu qu'il observe les prescriptions indiquées, arrivera sans difficulté au résultat voulu. Ajoutons que les précautions à prendre, pour se mettre à l'abri de toute cause d'accident, ont été chaque fois minutieusement spécifiées.

M. Blouet n'a certes pas prétendu épuiser la matière; il a fait un choix et il l'a fait judicieux, évitant les manipulations dangereuses, laissant de côté les expériences plus compliquées qu'instructives, n'employant qu'un matériel peu coûteux.

En lisant ce petit livre nous comprenons que l'auteur n'est point partisan des séances de manipulations surchargées outre mesure, il préfère laisser aux élèves le temps d'opérer soigneusement et d'arriver au but; ne semble-t-il pas qu'il ait raison?

Si aux expériences décrites ici, un professeur juge utile d'en ajouter d'autres, réalisables avec les ressources dont il dispose, rien ne lui sera plus facile, la chose est évidente; mais, je le répète, pour les manipulations fondamentales, il n'aura qu'à renvoyer ses élèves au livre de M. Blouet.

AVANT-PROPOS

Les travaux pratiques sont, de toute évidence, le meilleur moyen de graver dans l'esprit des élèves les propriétés et les principes étudiés en sciences physiques et naturelles. Ce sont aussi, et cela est peut-être plus important encore, un excellent procédé d'éducation générale, en ce qu'ils permettent de développer chez les élèves l'adresse, l'initiative, la prudence, l'éducation des sens. C'est afin de les aider, de les guider dans leurs efforts pour réaliser avec fruit les manipulations prévues par les programmes d'enseignement qui nous régissent actuellement, que nous avons rédigé ce petit traité.

Nous y avons rangé les travaux pratiques de chimie en deux catégories :

1° Les expériences qui exigent des appareils assez compliqués ou assez coûteux pour qu'il soit difficile d'en posséder plusieurs exemplaires; et aussi celles qui nécessitent l'emploi de corps particulièrement dangereux, comme le phosphore ou le sodium. Elles pourront être répétées par un groupe d'élèves spécialement et constamment surveillés par le professeur ou un préparateur; dans ce cas nos indications ne sont pas nécessaires, et nous renvoyons les élèves au Cours de Chimie fait conformément au programme.

2° Les expériences exécutées à l'aide d'appareils dont un exemplaire peut être fourni à chaque groupe d'élèves. Dans ce cas, il est bon que chacun d'eux soit dûment informé des modes opératoires et des précautions à prendre; c'est dans ce sens que nous avons décrit ces opérations; nous les avons exposées jusque dans leurs moindres détails, au risque d'être taxé de minutie excessive, particulièrement dans la première partie de cet ouvrage.

Dans le choix des manipulations appartenant à cette seconde catégorie, nous nous sommes d'abord préoccupé d'établir des expériences présentant toutes conditions de simplicité dans la construction des appareils, et par conséquent d'économie dans leur achat comme dans celui des produits utilisés.

En second lieu, nous avons cherché à déterminer les proportions et les circonstances assurant la meilleure réussite de l'opération, et permettant de l'achever dans le plus bref délai possible : en effet, dans un grand nombre de cas, la durée d'une séance est inférieure à une heure.

Enfin, bien que nous ayons écarté toutes les expériences nettement dangereuses, il ne faut pas oublier que la prudence, lorsque l'on fait de la chimie, s'impose à tous les instants : presque tous les corps sont plus ou moins toxiques; tout gaz combustible peut devenir un explosif; des liquides corrosifs ou inflammables sont utilisés à chaque manipulation.

Nous avons donc cherché, tant par le choix des dispositifs que par la minutie des recommandations, à entourer nos jeunes opérateurs de toute la sécurité possible.

Il est clair que le choix de ces manipulations est, comme l'établissement des modes opératoires, susceptible de perfectionnements : nous nous contentons d'exposer, en toute simplicité, celles que nous avons pu faire exécuter, dans de bonnes conditions.

Nous y avons joint l'examen de tous les corps dont il est question dans le Cours. Les élèves pourront les voir de près, en masses suffisantes pour se familiariser avec leur aspect et leurs propriétés physiques les plus caractéristiques.

Nous avons cru reconnaître que c'est en groupant les élèves par deux qu'on arrive au maximum d'intérêt, de profit et de commodité dans la pratique des travaux. C'est dans cet esprit que nous avons réglé la marche des opérations.

NOUVELLES
MANIPULATIONS DE CHIMIE

PREMIÈRE PARTIE

MÉTALLOÏDES — SELS DE SODIUM ET DE CALCIUM

[*Classes de Seconde C et D.*]

CHAPITRE I

PRÉLIMINAIRES.

BRULEUR A GAZ BUNSEN.

1. Brûleur à gaz. — Un grand nombre d'expériences de chimie exigent une élévation de température. Le *brûleur Bunsen* répond à ce besoin dans la plupart des cas qui nous intéressent.

Fig. 1. — Brûleur Bunsen, élévation, coupe.

Exceptionnellement, il pourra être nécessaire d'employer un *fourneau à gaz.*

Le brûleur se compose essentiellement d'un tube en laiton d'un centimètre environ de diamètre à l'ouverture duquel le gaz viendra brûler.

Le gaz aura accès dans le tube par un ajutage fort étroit d'où il sort avec quelque vitesse. A la hauteur de cet ajutage, la paroi du tube est percée d'une fenêtre que l'on peut aveugler à son gré en manœuvrant une virole qui entoure le tube. Le courant gazeux, si la fenêtre est ouverte, entraîne avec lui de l'air qui vient alimenter la combustion à l'orifice.

Si la fenêtre est obturée, la combustion est seulement entretenue par l'air atmosphérique qui environne la flamme. Celle-ci est alors jaune, assez éclairante, et relativement peu chaude, car la combustion y est incomplète. En effet, une soucoupe froide écrasant la flamme se recouvre d'une tache de noir de fumée. Tout le carbone contenu dans le gaz n'a donc pas été brûlé.

Si, tournant la virole, on ouvre la fenêtre, l'air, entraîné par le courant gazeux, pénètre dans la flamme même, laquelle n'éclaire plus, mais chauffe mieux : effectivement, la combustion y est complète ; il n'y a plus de carbone

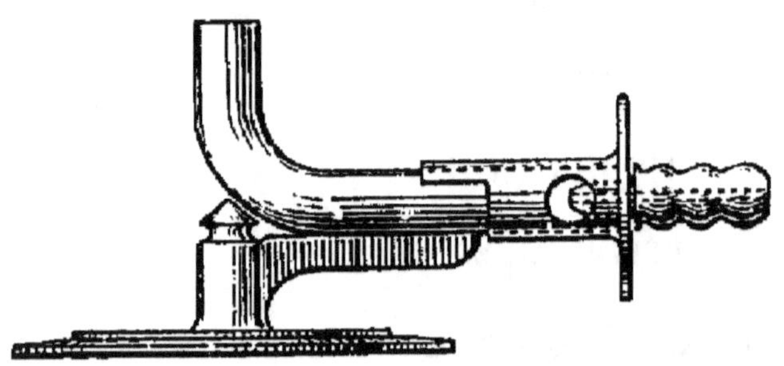

Fig. 2. — Bec Berthelot.

non brûlé, la soucoupe resterait cette fois blanche et nette.

C'est ainsi que l'on doit toujours se servir de la flamme pour chauffer un appareil quelconque, non seulement parce qu'elle chauffe mieux, mais aussi parce qu'elle vacille moins et ne couvre pas les objets chauffés de noir de fumée.

Précaution. — Il peut arriver que le gaz s'allume à l'extrémité de l'ajutage intérieur. Cet accident se produit volontiers lorsque la fenêtre est trop ouverte pour une arrivée modérée de gaz. Le brûleur alors s'échauffe rapidement : on risque de se brûler cruellement en le prenant à la main ; si l'action se prolonge, il peut être détérioré ainsi que le tuyau de caoutchouc qui lui est adapté. On en est averti souvent par un sifflement spécial et toujours par l'aspect de la flamme, qui devient un peu éclairante et de coloration verdâtre.

On dit alors que le gaz *brûle en dedans*. Ce phénomène se produit, soit à l'allumage, soit lorsqu'on diminue l'arrivée du gaz, la fenêtre étant ouverte.

Pour éviter cet inconvénient, il suffit d'allumer ou de régler la flamme, *la fenêtre étant fermée*. Dans ces conditions le gaz ne brûlera *jamais* à l'intérieur. Une fois la flamme réglée, on établira l'appel d'air en tournant progressivement la virole jusqu'à ce que la flamme cesse de noircir les objets chauffés. Fort souvent le brûleur ne porte pas de robinet. Le réglage se fait à l'aide de celui qui est sur la conduite.

On ne doit jamais oublier que c'est la partie supérieure d'une flamme qui chauffe le mieux et par conséquent ne jamais placer les objets au voisinage de l'ouverture du brûleur.

2. Fourneaux. — Les fourneaux sont généralement fondés sur un principe analogue.

Le brûleur est d'ordinaire un boudin circulaire percé de petits trous. Le tout est environné d'une enveloppe de fonte. Sa conduite d'arrivée ne porte pas de virole. Si le gaz brûle en dedans, il faut éteindre puis rallumer convenablement.

Fig. 3. — Fourneau à gaz.

Quelquefois il suffit de pincer la conduite de caoutchouc et de couper ainsi l'arrivée du gaz, pendant assez peu de temps toutefois pour que la flamme ne s'éteigne pas. La combustion intérieure s'arrête.

Pour chauffer la plupart des récipients, on interpose, entre la flamme et le fond, une toile métallique, qui distribue régulièrement la chaleur et diminue les chances de rupture des vases.

TUBE A ESSAI.

3. Tube à essai. — On appelle ainsi un tube de paroi assez mince en verre peu fusible, fermé à une extrémité; il mesure environ 2 centimètres de diamètre et 15 centimètres de longueur.

Il sert à étudier les réactions entre de petites quantités de substances; il est susceptible d'être chauffé.

Le tube, tenu dans une pince de bois, qui le serre près de l'ouverture, sera passé à plusieurs reprises dans la flamme du brûleur sur toute sa longueur afin d'être échauffé un peu partout. On fixera alors la chauffe, non sur le fond lui-même, mais sur toute la région voisine du fond, en maintenant le tube légèrement incliné. Toutefois la flamme ne doit atteindre que les régions contenant les substances chauffées. Il faut éviter de sou-

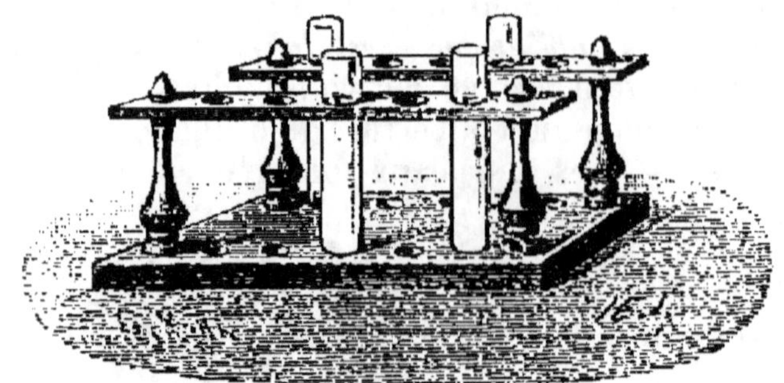

Fig. 4. — Tubes à essai.

mettre à son action les parties du tube supérieures au niveau des matières contenues.

De temps en temps on secouera doucement le tube, par saccades légères, afin d'agiter les substances et de renouveler les surfaces.

Lorsque les liquides contenus sont portés à l'ébullition, il peut

Fig. 5. — Manière de chauffer un tube à essai.

arriver que le dégagement violent de vapeurs, dans un tube relativement étroit, entraîne la projection à l'extérieur de matières brûlantes et peut-être corrosives. On tentera d'éviter ces projections par une chauffe modérée et surveillée de très près ; et, d'autre part, on aura soin de toujours tourner l'ouverture du tube dans une direction telle que, si les projections n'étaient pas évitées, elles ne puissent avoir de graves conséquences.

On n'oubliera d'ailleurs pas qu'il faut se maintenir dans la partie supérieure de la flamme, et même, pour chauffer modérément, au-dessus d'elle.

CHAPITRE II

OXYGÈNE.

4. Préparation de l'oxygène par la méthode de Priestley, appliquée par Lavoisier dans son analyse de l'air. — Dans un tube à essai particulièrement résistant, en verre vert un peu épais, on met deux ou trois centimètres cubes *d'oxyde rouge de mercure*. On chauffe.

La poudre rouge noircit, puis elle se décompose en ses deux éléments : en *oxygène* qui se dégage et en *mercure* qui se condense, formant un anneau miroitant dans les parties restées froides du tube.

Une allumette récemment éteinte, et offrant encore un point incandescent, présentée à l'orifice du tube, se rallume au contact de l'oxygène.

Si on chauffe l'anneau miroitant, le mercure se volatilise et va se déposer de nouveau dans les parties froides plus éloignées. On peut ainsi le faire voyager le long du tube et constater le principe de la distillation.

Le reste de l'oxyde de mercure reprend sa couleur rouge en se refroidissant.

Les élèves pourront constater l'aspect de l'oxyde de mercure en masse importante dans le flacon. Ils le soupèseront pour constater son remarquable poids.

Précaution. — Les vases de verre épais étant plus sujets que ceux en verre mince à la rupture sous l'action de la chaleur, il faut chauffer avec une prudence particulière.

5. Préparation par le chlorate de potassium seul. — Dans un tube à essai ordinaire on met un ou deux centimètres cubes de chlorate de potassium.

Chauffer avec prudence. Le sel décrépite (§ 54) souvent, fond et le dégagement d'oxygène s'effectue. On le caractérise à l'aide de l'allumette incomplètement éteinte.

Puis la masse se solidifie et le dégagement d'oxygène devient très difficile.

On constatera, en flacon, l'aspect cristallin du chlorate de potassium et du chlorure de potassium, résidu de l'opération.

Précaution. — Ne pas laisser tomber de morceaux d'allumettes dans le tube. Leur contact avec le sel fondu provoquerait une combustion extrêmement rapide pouvant occasionner des projections dangereuses.

6. **Préparation par le chlorate de potassium et un corps inerte pulvérulent.** — Ce dernier favorise les dégagements gazeux à la façon d'un peu de sucre en poudre dans un verre d'eau de seltz.

Le plus convenable en l'espèce est le *bioxyde de manganèse* en poudre. On le mélange avec le chlorate de potassium en petits cristaux et on agite jusqu'à ce que chaque petit fragment de sel soit bien noirci.

On opère alors comme précédemment.

Il est facile de remarquer que, dans ces conditions, la masse ne fond pas et que le dégagement est plus facile en même temps que plus régulier.

Les élèves verront le bioxyde de manganèse, en poudre, en grains, et en morceaux naturels connus sous le nom de *Pyrolusite*.

7. **A propos de la préparation par la méthode de Boussingault.** — Impossible à effectuer en manipulation à cause des températures qu'elle exige ; on montrera aux élèves la *baryte* et le *bioxyde de baryum*.

Ils observeront l'aspect spongieux analogue de ces deux corps, différant seulement par la teinte : grise pour le premier, jaunâtre pour le second.

8. **Oxydation du cuivre à chaud au contact de l'air.** — Quelques brins de tournure de cuivre sont placés sur la toile métallique du support d'un brûleur Bunsen allumé.

Le cuivre prend des teintes irisées, puis enfin noircit ; à cette température en effet le cuivre fixe l'oxygène de l'air, et se combine à lui pour donner l'*oxyde de cuivre* noir.

(Préparation de l'azote atmosphérique par action du cuivre chauffé sur l'air — analyse de l'air par le cuivre au rouge.)

C'est par grillage à l'air que l'industrie prépare les paillettes noires d'oxyde de cuivre qui seront réduites par l'hydrogène dans une manipulation ultérieure.

9. **Étude des gaz accessoires contenus dans l'air.** — On place dans un récipient large et bas une faible épaisseur d'une dissolution limpide de chaux dans l'eau, dite *eau de chaux*.

Celle-ci se troublera avec le temps, deviendra laiteuse, par suite de la formation de *carbonate de calcium* insoluble. Ce qui démontre la présence du *gaz carbonique* dans l'atmosphère.

Un morceau de *soude caustique* sorti sec d'un flacon bien bouché et abandonné sur une soucoupe se couvre d'humidité et finit par tomber en pâte. Il y a donc de la *vapeur d'eau* dans l'atmosphère.

10. Définitions. — On appelle *flacon* un vase généralement

Fig. 6. — Flacon.

Fig. 7. — Bocal.

cylindrique, en verre, destiné à contenir des liquides. Son goulot est étroit. Celui-ci se ferme soit avec un bouchon de liège, soit avec un bouchon de verre ajusté au goulot par usure mutuelle. On obtient alors la fermeture dite *à l'émeri.*

On appelle *bocal* un vase de même forme générale dont l'ouverture est presque aussi large que le vase lui-même. Il est ordinairement employé à contenir des corps solides. On le ferme d'un bouchon plat, en liège, qui porte le nom commercial de *broche.*

Enfin on donne le nom de *col droit* à un vase de forme intermédiaire. Le goulot, plus large que celui du

Fig. 8. — Col droit.

flacon, est plus étroit que celui du bocal. La fermeture peut être en liège ou en verre.

11. Combustions dans l'oxygène. — Pour démontrer que, dans une atmosphère d'oxygène, certains corps sont susceptibles de fournir les réactions vives dites *combustions*, on en remplira des cols droits d'un litre que l'on conserve renversés sur des *verres à expérience* suffisamment évasés ou, plus simplement, sur des soucoupes.

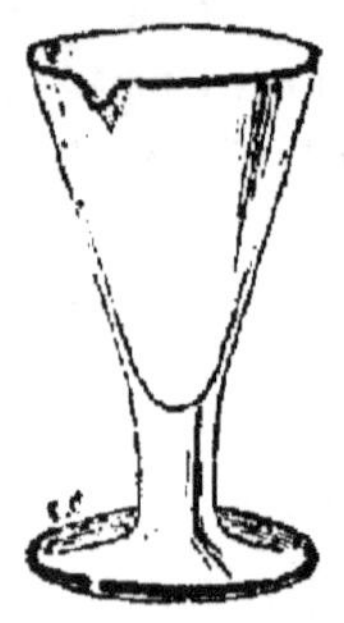

Fig. 9. — Verre à expérience.

Un *support à combustion* est constitué par une mince tige de fer dont l'extrémité inférieure est façonnée en anneau, tandis que l'autre est enfoncée à frottement dur dans un large bouchon plat en liége.

Les matières solides qui doivent brûler sont mises en menus fragments dans une petite coupelle de terre, dite *têt à combustion*, laquelle est placée dans l'anneau.

12. Combustion du charbon. — Deux ou trois petits morceaux de fusain sont placés dans la coupelle. Un élève tient d'une main le support. De l'autre, il prend le brûleur par le pied et le renverse afin de faire descendre la flamme sur le charbon.

Pendant ce temps un second élève saisit d'une main par le fond le col droit plein d'oxygène, le soulève hors du verre, le ferme rapidement avec la paume de l'autre main et le retourne.

Sitôt que le charbon présente un point rouge, le second élève retire la main qui formait bouchon ; le premier enfonce *doucement* le support dans le col droit.

Le point rouge devient alors extrêmement brillant. Il se fait même une petite flamme. Le char-

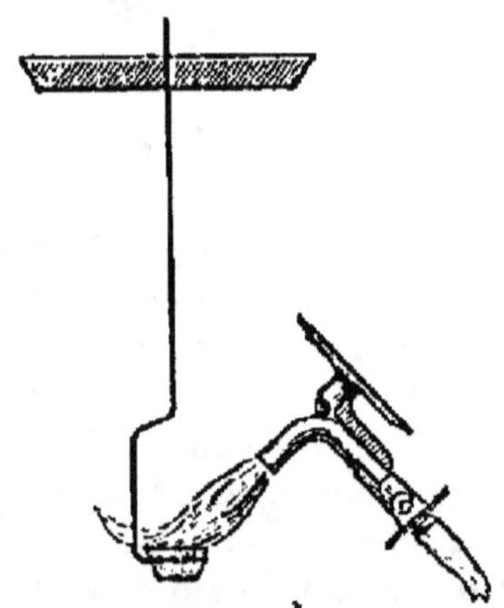

Fig. 10. — Support à combustion, position d'allumage du charbon.

bon pur brûlerait sans flamme, mais celui employé contient des impuretés dont les vapeurs en combustion donnent une flamme. D'ailleurs, le charbon, simplement éloigné du brûleur, se serait rapidement éteint dans l'air atmosphérique.

La combustion terminée, on constatera que le résultat en est du *gaz carbonique*. A cet effet, après avoir retiré le support, on verse un peu d'*eau de chaux* dans le col droit dont on ferme le goulot avec la paume. On agite vigoureusement. L'eau de chaux devient rapidement laiteuse. C'est le moyen généralement employé pour déceler la présence du gaz carbonique.

Si l'on veut constater que le gaz carbonique donne un acide faible au contact de l'eau, on recommence la combustion du charbon dans un second récipient d'oxygène et on y agite ensuite un peu de teinture de tournesol bleue étendue. Elle doit passer au rouge vineux.

Il est possible de faire les deux constatations dans le même récipient : on commence par l'action sur le tournesol, puis on égoutte rapidement le col droit dans un verre et on verse l'eau de chaux : il reste suffisamment de gaz carbonique pour la troubler.

Remarque. — Au lieu de mettre des fragments de fusain dans la coupelle, on peut ficher dans un bouchon plat un porte-fusain à dessin ordinaire qui sera un support pratique pour un plus long morceau de combustible.

Une petite baguette de *charbon des cornues*, telle que celles qui formaient les bougies Jablochkoff, plantée directement dans le bouchon, est un combustible d'emploi simple et pratique ; son absolue incombustibilité dans l'air rend l'expérience encore plus concluante.

13. Combustion du soufre. — Un demi-centimètre cube de soufre environ est placé dans le têt à combustion. On le chauffe dans la partie supérieure de la flamme d'un bec Bunsen, lequel est, cette fois, laissé droit sur la table. On attend que le soufre soit bien fondu et allumé. Lorsqu'on aperçoit une petite flamme bleue persistante, on introduit le support comme précédemment dans un col droit plein d'oxygène.

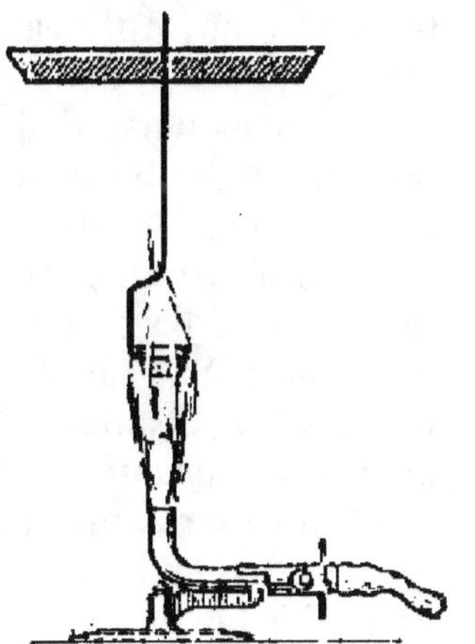

Fig. 11. — Support à combustion, allumage du soufre.

La flamme s'allonge, devient plus belle : la combustion terminée, on constate que le résultat est du *gaz sulfureux*, pénible à respirer et provoquant la toux. Il est d'ailleurs soluble dans l'eau ; agité avec un peu d'eau, la paume fermant exactement le goulot, il est absorbé : car la peau de la main est aspirée en formant ventouse, ce qui démontre l'absorption du gaz par le vide qui en résulte.

14. Précautions générales. — En chauffant les têts à combustion il faut avoir grand soin de ne pas mettre la flamme en contact avec le bouchon du support. Si celui-ci s'allumait, si peu que ce soit, la combustion pourrait se développer en présence de l'oxygène et la flamme ferait infailliblement casser le col droit.

En outre, les élèves doivent s'appliquer à n'avoir que des mouvements doux et sans brusquerie. Le support doit être enfoncé posément, dans une position bien verticale et sans choc ni secousse. Il est important de ne point renverser la coupelle, les charbons ou les gouttes de soufre fondu qui tomberaient au fond et continueraient à y brûler provoqueraient de même la rupture du récipient.

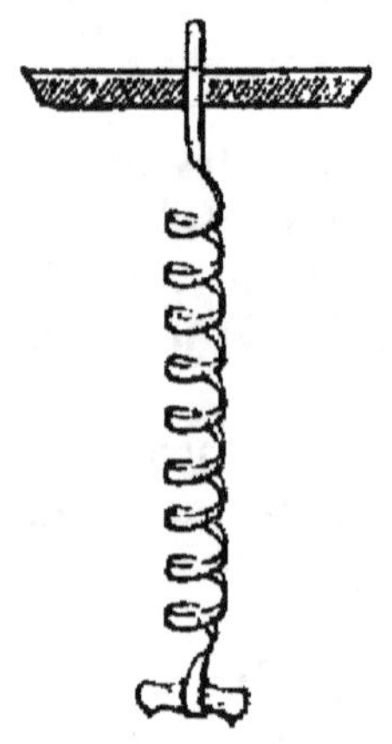
Fig. 12. — Spirale d'acier, garnie d'amadou.

15. Combustion du fer. — Un fil de fer, ou mieux un ruban d'acier provenant d'un ressort de montre, préalablement tourné en spirale, est enfoncé par une extrémité dans un bouchon plat, tandis que l'autre reçoit un morceau d'amadou, assez petit pour que sa combustion n'absorbe pas sensiblement d'oxygène. Un demi-centimètre carré est plus que suffisant.

Sitôt l'amadou allumé, le système est plongé dans l'oxygène. On a eu soin, après avoir retourné le col droit, d'y verser une couche d'eau de deux centimètres de hauteur pour refroidir les gouttelettes d'oxyde de fer incandescent qui se forment à l'extrémité du fer en combustion, et qui ne manqueraient pas, sans cette précaution, de faire, en tombant, éclater le vase.

La combustion gagne de proche en proche tant qu'il y a suffisamment d'oxygène ; des étincelles sont projetées dans toutes les directions. Le résultat est de l'oxyde de fer magnétique. Il est solide, absolument insoluble dans l'eau, et ne se prête à aucune expérience élémentaire.

16. Préparation du ruban d'acier. — Si le chef des travaux pratiques tient à ce que les élèves préparent eux-mêmes le ruban destiné à la combustion, voici comment ceux-ci doivent procéder :

Le ruban est saisi par les extrémités, tendu, et passé lentement dans la flamme du brûleur Bunsen ; toutes ses parties doivent être successivement portées au rouge. Le ressort est alors *recuit*. Il a perdu une partie de son élasticité. Il est souple et reste en ligne droite.

On prend alors un morceau de tube de verre d'un demi-centimètre à un centimètre de diamètre et d'au moins trente centimètres de longueur. Un bout du ruban est fixé à l'extrémité, soit avec un tout petit bouchon de liège ou de bois enfoncé dans le tube, soit avec un lien serré de fil métallique. On passe de nouveau tous les points du ressort dans la flamme, en commençant par le bout fixé au tube. La main gauche tourne le tube de verre et l'enroule en spirale au fur et à mesure de la chauffe. La main droite maintient le ruban tendu.

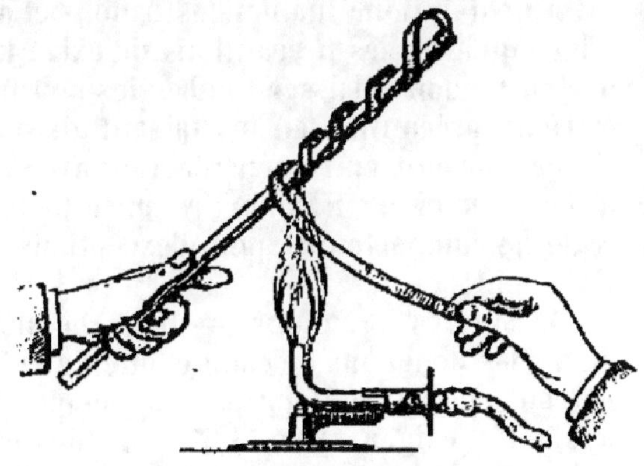

Fig. 13. — Préparation du ruban d'acier en spirale.

Au début de l'opération, on doit chauffer le tube de verre pour éviter sa rupture au contact du fer rougi. L'opération terminée, on laisse refroidir, on retire la spirale. Si le ressort était entier, il est largement suffisant pour deux opérations. On le coupe donc avec une pince par le milieu. Chaque fragment est disposé comme il est indiqué au début du § 15.

17. Définition. — On appelle *ballon* un vase de forme sphérique, en verre *mince*, destiné à produire une réaction sous l'action de la chaleur. Il est surmonté d'un long col.

En principe, on ne doit construire en verre épais, qui résiste d'ailleurs mieux aux chocs, que les vases qui ne doivent pas être directement chauffés. Bien que ceci puisse sembler paradoxal au premier abord, il est de fait que le verre mince *va au feu* mieux que le verre épais.

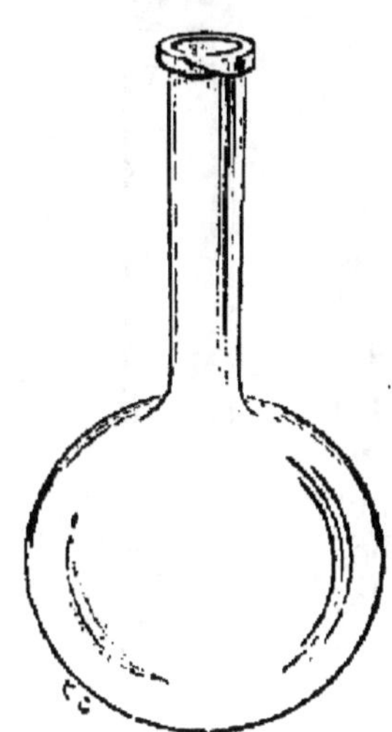

Fig. 14. — Ballon.

Le verre, en effet, est mauvais conducteur de la chaleur. La chaleur, fournie à une paroi, ne se transmet que lentement à la paroi voisine. D'autre part, c'est une substance dénuée de souplesse. Si donc on chauffe une face d'une lame épaisse de verre, celle-ci se *dilate*. Mais, en raison du manque de conductibilité, l'autre face, ne s'échauffant pas, ne se dilate pas. Le verre ne se prête pas à ces variations en désaccord et se brise.

Si au contraire la lame est mince, les variations de température se transmettent assez vite d'une face à l'autre pour que le verre ne se brise pas.

On ne doit donc manier les ballons et autres récipients de verre mince qu'avec les précautions qu'exige leur fragilité. En particulier on ne doit y laisser tomber les substances solides qu'avec une extrême précaution en les faisant glisser le long du col incliné. Si elles doivent entrer en réaction avec un liquide, il faut verser d'abord celui-ci; il amortira ensuite la chute du solide. Cette règle ne comporte que peu d'exceptions qui seront signalées spécialement.

18. Sur les bouchons. — Dans la plupart des cas nous indiquons les bouchons de caoutchouc de préférence à ceux de liège : ils sont en effet tout préparés, s'adaptent parfaitement aux goulots, et n'exigent pas de la part des élèves un travail qui n'a qu'un rapport indirect avec l'étude de la chimie.

Au point de vue économique, bien que semblant, à première vue, d'un prix plus élevé, comme ils ne se brisent pas et peuvent servir beaucoup plus longtemps, ils ne sont en fait pas plus coûteux.

19. Sur la manière de recueillir les gaz. — En général, l'appareil qui sert à produire un gaz porte un tube à dégagement courbé dont les deux branches sont perpendiculaires.

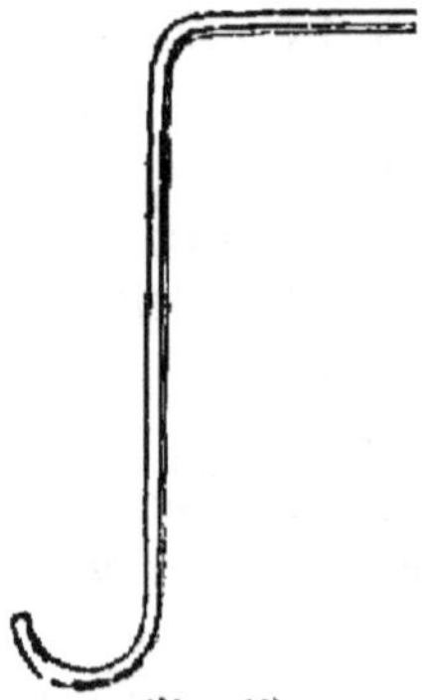

A l'aide d'un raccord de quelques centimètres de longueur, coupé dans un tuyau de caoutchouc de diamètre convenable, on relie ce tube à dégagement à un tube dit *abducteur*. C'est un tube de verre deux fois recourbé qui se rend dans l'eau d'une cuvette : installation qui permet de remplir de gaz des tubes à essai, des flacons, ou des *éprouvettes à gaz*, qui ont la même forme que les tubes à essai, mais de plus grandes dimensions.

Fig. 15.
Tube abducteur.

Fig. 16. — Éprouvette à gaz.

On plonge ces récipients dans l'eau, entièrement, l'ouverture dirigée vers le haut; lorsque les dernières bulles d'air en ont été chassées, on les retourne le fond en haut, et on en coiffe l'extrémité du tube abducteur sans sortir leur ouverture du liquide. Les bulles de gaz remplacent l'eau en remplissant peu à peu le vase.

La cuvette employée pour cette opération peut être une *terrine* de dimension convenable, ou, plus élégamment, un récipient en verre, de forme cylindrique peu élevée, qui porte le nom de *cristallisoir*.

Lorsque les expériences ont peu de durée, on tient l'éprouvette avec la main jusqu'à ce qu'elle soit pleine de gaz; on glisse alors sous son ouverture une soucoupe, on la sort de l'eau en

Fig. 17. — Terrine.

la conservant bien verticale, et elle pourra rester ainsi debout sur la soucoupe contenant un peu de liquide formant *fermeture hydraulique*; ce liquide s'oppose à la sortie du gaz intérieur ou à la pénétration de l'air extérieur, si le gaz n'est pas sensiblement soluble dans l'eau.

Toutefois, l'air n'étant pas absolument insoluble dans l'eau, il finirait toujours par pénétrer sous l'éprouvette au bout d'un temps assez long. Une fermeture

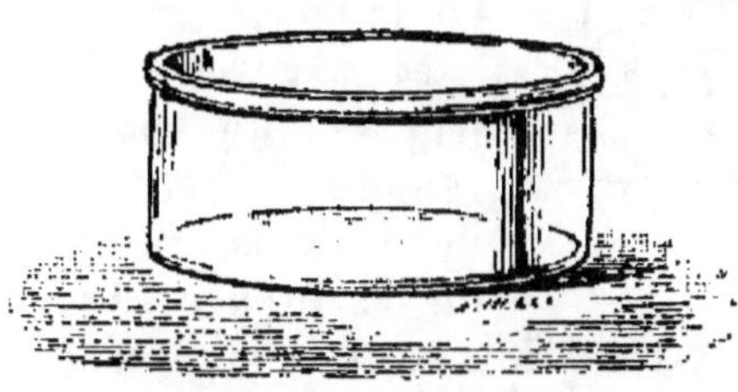

Fig. 18. — Cristallisoir.

parfaite s'obtient dans la plupart des cas en recueillant et conservant les gaz sur le *mercure*, sauf dans le cas, d'ailleurs fort exceptionnel, de gaz attaquant le mercure à froid.

20. Préparation en grand de l'oxygène. — Il semble que, pour rester dans l'esprit du programme, les élèves doivent recevoir tout préparé l'oxygène destiné aux combustions. Les cols droits seront remplis soit à l'aide d'un cylindre d'oxygène comprimé, soit à l'aide du gaz préparé par le personnel du laboratoire. Si toutefois le professeur tenait à faire préparer le gaz par les élèves eux-mêmes, ceux-ci pourraient appliquer la méthode indiquée au § 6.

Après avoir bien noirci du chlorate de potasse en le remuant avec un peu de bioxyde de manganèse en poudre, on donnera à chaque groupe 25 à 30 gr. au plus de ce mélange, lequel sera placé dans un ballon de 150 ou 200 centimètres cubes. Un bouchon de caoutchouc percé d'un trou laissera passer le tube à dégagement, lequel se rendra dans une cuvette d'eau.

L'appareil étant ainsi monté exige une grande surveillance. Il ne faut pas que la pression du gaz diminue à l'intérieur, par suite de l'abaissement de la température ou par suite de l'arrêt dans le dégagement. Dans ce cas, l'eau de la cuvette remonterait dans le tube à dégagement et pourrait arriver jusqu'à pénétrer dans le ballon : on dit alors qu'il y a *absorption*.

On obvie à cet inconvénient par l'emploi des *tubes de sûreté* dont nous aurons occasion de parler plus tard. Toutefois, dans le cas qui nous occupe, le gaz oxygène n'étant pas sensiblement soluble dans l'eau, l'abaissement de température est la seule cause appréciable d'absorption: un peu de soin et de surveillance suffisent pour écarter ce danger.

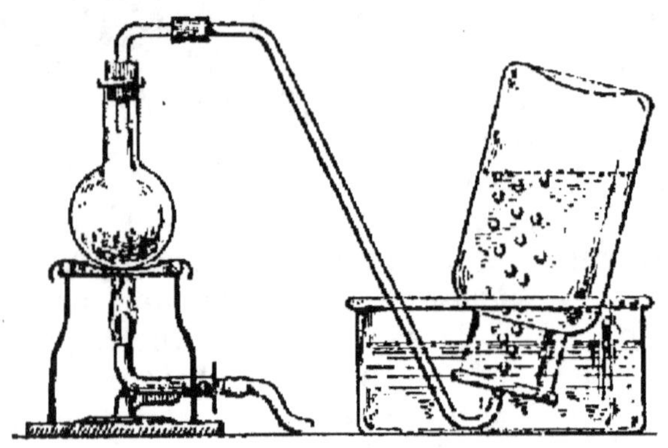

Fig. 19. — Préparation de l'oxygène.

Si la cuvette est trop petite pour remplir et retourner les cols droits, on les préparera à l'aide d'une cuvette plus grande, la cuve à eau du laboratoire, par exemple, et on les transportera pleins d'eau, renversés sur des soucoupes, au-dessus de l'extrémité du tube abducteur.

Il est alors nécessaire de surveiller en outre le cristallisoir ou la cuvette pour qu'ils ne débordent pas.

Il est important dans cette réaction de chauffer très peu. Une flamme de deux centimètres suffit. Le dégagement gazeux est en effet très facile, et même souvent avec cette flamme réduite il est trop rapide, et on se voit forcé de la diminuer encore.

Les proportions indiquées correspondent à une production de quatre litres de gaz, outre la déperdition inévitable au cours de l'opération. Il ne faut pas, bien entendu, que celle-ci soit excessive et dépasse un volume d'oxygène compris entre un et deux litres.

Le ballon étant très petit et le dégagement assez rapide, on peut recueillir le gaz sans différer, sitôt que les bulles se succèdent avec rapidité.

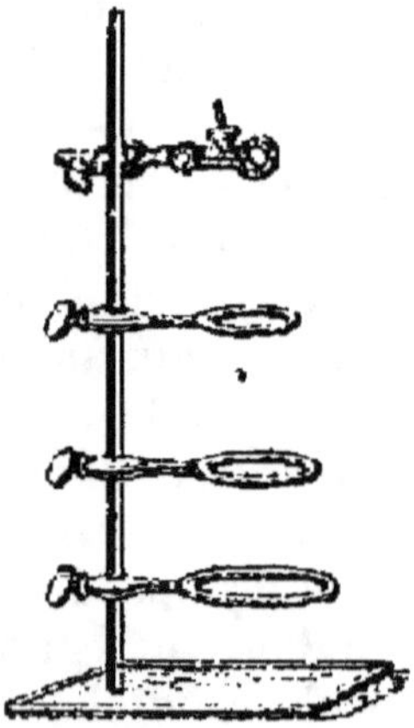

21. Supports. — Le ballon de l'appareil précédent tiendrait mal en équilibre, surtout pendant le dégage-

Fig. 20.
Support universel.

ment, s'il n'était pas maintenu. D'autre part nous aurons plus tard à soutenir l'extrémité d'un tube horizontal un peu long (§ 29) ou un entonnoir (§ 50). Ce besoin se fait sentir dans la construction d'un grand nombre d'appareils. Le système qui convient à tous les cas qui nous occupent est un petit *support universel*. C'est une tige verticale en cuivre, plantée sur un plateau horizontal assez pesant, le long de laquelle glissent :

1° Deux ou trois anneaux de diamètres différents que l'on peut fixer à telle hauteur que l'on veut à l'aide d'une *vis de pression* ;

2° Une pince à vis portée sur une petite tige s'allongeant à volonté que l'on peut établir de la même manière à hauteur voulue.

Les constructeurs nous offrent d'ailleurs une multitude de formes différentes de supports.

CHAPITRE III

EAU. — AIR. — HYDROGÈNE.

EAU.

22. Impuretés des eaux naturelles. — De l'eau de puits, de l'eau de mer, une eau minérale, ou tout autre eau naturelle contenant une quantité appréciable de matières salines en dissolution sera chauffée à l'ébullition dans un *ballon*. On mettra 10 à 20 centimètres cubes d'eau dans un ballon de 200 ou 250 centimètres cubes.

Avant de chauffer, ces eaux auront été essayées dans un tube à essai à l'aide d'une goutte de *teinture alcoolique de savon*. (*Nouveau précis de chimie*, Joly-Lespieau, § 16, 3°). On aura constaté la formation des grumeaux blancs fournis par la réaction, et l'absence de mousse.

Lorsque l'ébullition aura été maintenue jusqu'à disparition du liquide, on verra à sa place une légère croûte de matières salines que l'eau aura abandonnées.

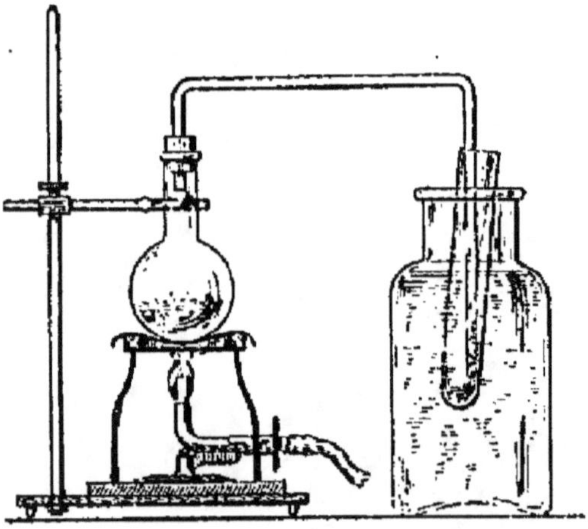

23. Distillation de l'eau. — Le petit ballon ci-dessus décrit est maintenu dans la pince d'un support, fermé à l'aide d'un bouchon de caoutchouc à un trou, lequel livre passage à un tube de dégagement deux fois recourbé, monté d'une seule pièce sans raccord de caoutchouc.

Fig. 21. — Distillation de l'eau.

Il se rend dans un tube à essai, lequel est immergé dans un col droit d'un demi-litre presque rempli d'eau bien froide.

Ce tube à dégagement doit être coupé à une telle longueur que le tube à essai, flottant dans le liquide, ait son fond à un ou deux centimètres au-dessous de l'extrémité inférieure.

Pendant l'ébullition précédemment décrite, laquelle ne doit pas être tumultueuse et qu'il faut mener lentement à l'aide d'une flamme modérée, la vapeur s'échappe par le tube à dégagement; une portion se condense dans le tube à essai refroidi. On peut en obtenir ainsi quelques centimètres cubes. C'est de l'eau distillée. Elle ne contient plus de matières salines en dissolution. Les réactions qui auraient pu déceler les diverses impuretés contenues dans l'eau primitive ne donnent plus de résultat. En particulier, la teinture de savon se dissout et disparaît; agitée avec l'eau distillée, elle donne une mousse persistante.

D'autres réactions, distinguant l'eau distillée des eaux salines, pourront d'ailleurs être essayées.

Une goutte de *teinture alcoolique de bois de campêche* colore en jaune l'eau distillée et en rouge violacé l'eau *calcaire*, c'est-à-dire contenant des traces de *carbonate de calcium*.

Une dissolution d'*azotate d'argent* précipite en blanc l'eau contenant des *chlorures*, tel le *sel marin*, et une dissolution de *chlorure de baryum* précipite en blanc celle qui contient des *sulfates*, tels le *sulfate de calcium*, ou *plâtre*. Ces réactifs sont sans effet sur l'eau distillée.

AIR.

24. Gaz dissous dans l'eau. — Un ballon de un litre est rempli complètement d'eau de source. Il est fermé par un bouchon que traverse un tube à dégagement trois fois recourbé sans raccord de caoutchouc. Ce tube plonge dans un cristallisoir plein d'eau et se

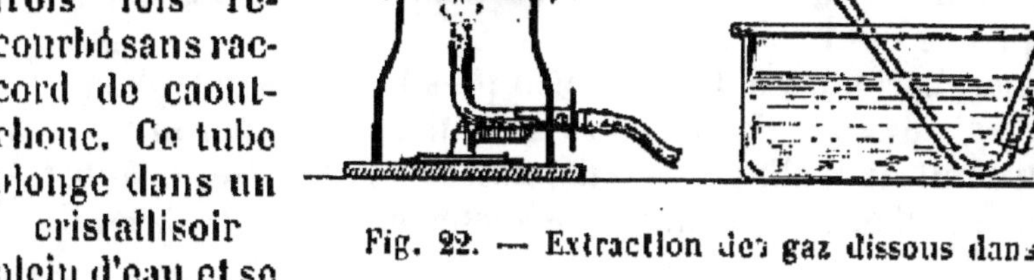

Fig. 22. — Extraction des gaz dissous dans l'eau.

rend sous une éprouvette renversée, ou mieux, sous un long tube à essai d'au moins 50 centimètres cubes de capacité.

Il importe que le tube à dégagement ne dépasse pas la face

inférieure du bouchon et que ce tube soit plein d'eau : le ballon, le tube, l'éprouvette, doivent former une suite de récipients entièrement pleins d'eau, sans interposition d'aucune bulle d'air. On ne peut arriver à ce résultat qu'en plongeant complètement le tube à dégagement et le ballon dans une grande cuve pleine d'eau ; en posant, sous l'eau, le bouchon sur le goulot du ballon, et en portant le système en place, un doigt sur l'extrémité du tube abducteur.

On essuie le ballon et on le chauffe avec précaution, sans oublier jamais qu'un ballon ainsi rempli d'eau est des plus fragiles. On ne laisse pas l'ébullition devenir tumultueuse, et on l'arrête sitôt que le volume de gaz accumulé sous l'éprouvette ne varie plus.

25. Analyses comparatives de l'air atmosphérique et de l'air dissous dans l'eau. — Azote. — La *potasse* a la propriété d'absorber le gaz carbonique.

Le *pyrogallol* (corps solide, étudié en chimie organique, employé en photographie) a la propriété d'absorber l'oxygène, s'il est en présence de la potasse.

Prenons donc le tube précédent et un tube semblable, plein d'air atmosphérique. Il serait avantageux qu'ils soient gradués, et il est indispensable qu'on puisse les boucher avec le pouce.

Introduisons rapidement, sous l'eau, un petit bâton de potasse dans un des tubes. Fermons avec le pouce, agitons fortement, plongeons à nouveau l'ouverture dans la cuve, soulevons légèrement le pouce : un peu d'eau rentre. Recommençons jusqu'à ce que le niveau intérieur reste fixe. La première variation qu'il subit provient de l'absorption du gaz carbonique contenu dans l'air étudié.

L'air atmosphérique en contient à peine ; l'air dissous dans l'eau en contient une proportion appréciable.

Ajoutons un morceau de pyrogallol fondu, et, s'il en est besoin, un nouveau fragment de potasse. Après agitation, nous verrons le liquide noircir et le niveau monter. Répétons l'opération jusqu'à ce qu'il soit fixe.

L'air atmosphérique contient à peu près 1/5 de son volume d'oxygène. L'air dissous dans l'eau en contient 2/5 environ.

Si on introduit une allumette enflammée dans le gaz qui reste à l'intérieur du tube, elle s'éteint immédiatement. C'est de l'azote.

HYDROGÈNE.

20. Préparation de l'hydrogène. — L'appareil générateur est celui qui sert en général à la préparation d'un gaz obtenu *à froid* par l'action d'un liquide sur un solide.

Nous le constituerons ici par un col droit de 300 centimètres cubes environ, fermé à l'aide d'un bouchon de caoutchouc percé de deux trous : l'un sert au passage d'un *tube à entonnoir*, destiné à nourrir l'appareil du liquide convenable, l'autre à celui d'un *tube à dégagement* pour le gaz produit.

Au fond du récipient on place quelques lames ou quelques morceaux de grenaille de *zinc ordinaire*. Il importe qu'il

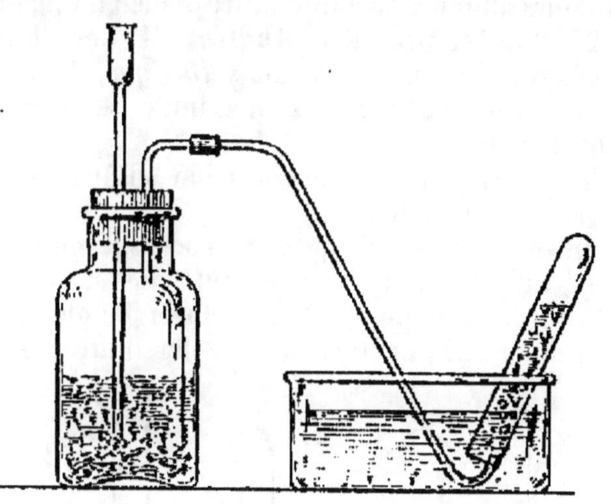

Fig. 23. — Préparation de l'hydrogène.

y en ait au moins 35 ou 40 grammes. On verse ensuite 50 centimètres cubes d'eau. Puis on s'assure que l'extrémité inférieure du tube à entonnoir plonge dans le liquide. Sans cette précaution, le gaz se dégagerait plutôt par le tube à entonnoir que par l'autre, car il rencontrerait moins de résistance. On verse alors par petites portions 25 centimètres cubes d'*acide sulfurique* pur commercial, dans l'entonnoir du tube. Il importe d'obtenir un dégagement modéré, régulier, et d'éviter l'emballement ou le bouillonnement du liquide envahissant le tube à dégagement.

Il s'agit maintenant de recueillir des éprouvettes de gaz exempt d'air. On commence par en remplir une que l'on sort ensuite de l'eau pour présenter son ouverture à une flamme.

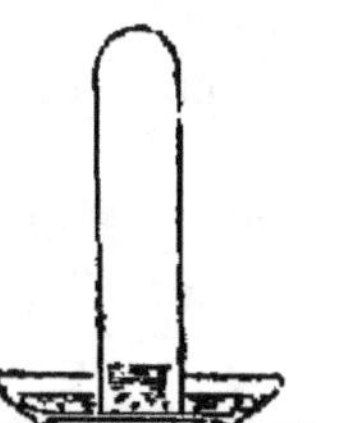

Fig. 24. — Hydrogène conservé sur une soucoupe.

Tout d'abord le gaz ne s'enflamme pas : c'est encore de l'air mélangé de très peu d'hydrogène. Ensuite il brûle avec détonation : le mélange est plus riche en hydrogène. Enfin il s'allume silencieusement. L'hydrogène est alors exempt d'air. On en recueille deux éprouvettes que l'on conserve sur des soucoupes.

Précautions très importantes. — L'hydrogène, mélangé à l'air ou à l'oxygène, est susceptible de détoner violemment à l'approche d'une flamme. Le vase dans lequel il est enfermé vole en éclats dangereux. En conséquence, tant qu'un appareil n'est pas complètement purgé d'air, on doit en écarter soigneusement les brûleurs allumés ou toute autre cause d'inflammation.

27. Sur les produits étudiés. — Les élèves auront occasion ici de voir du *zinc*, de *l'acide sulfurique*, dont ils remarqueront la forte densité et la consistance huileuse, et du *sulfate de zinc*, ou *vitriol blanc*.

Ils remarqueront que cet acide sulfurique, mélangé à l'eau, dégage de la chaleur.

On insistera sur ce qu'il est corrosif, *qu'il attaque et brûle la peau*, qu'il fait sur les vêtements des taches rouges. Lorsqu'il est concentré il peut même perforer l'étoffe.

Si on sent la brûlure de l'acide sulfurique, il faut immédiatement laver à l'eau la partie atteinte, ou mieux la baigner dans une dissolution de *carbonate de soude*. Pour enlever les taches sur les vêtements, on se sert d'un peu *d'ammoniaque*, suivie d'un lavage à l'eau pure.

28. Expérience tendant à démontrer la faible densité de l'hydrogène. — (Cette expérience démontre aussi la

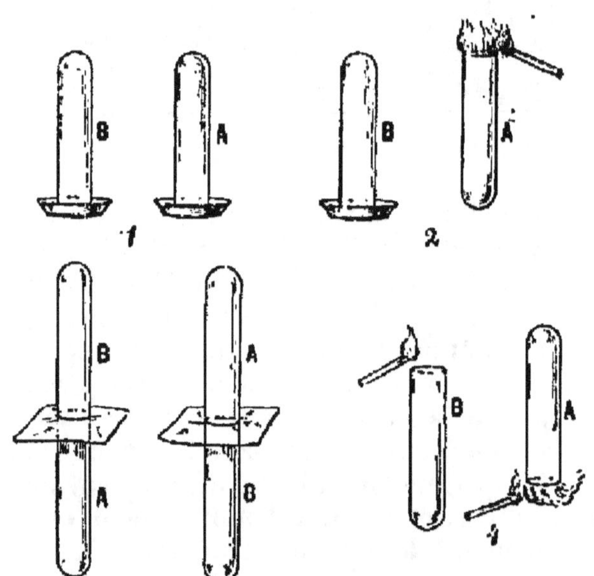

Fig. 25. — L'hydrogène traverse les corps poreux.

facilité avec laquelle il traverse les parois poreuses, propriété qui est la conséquence de la précédente).

On recueille deux éprouvettes du gaz.

Prenant alors une de ces éprouvettes, on en allume l'hydrogène à l'ouverture, afin d'étudier sa combustion normale, constatant la très faible coloration bleue de la flamme et son absence de pouvoir éclairant.

Cette éprouvette A étant alors posée verticalement sur le fond, on la ferme d'une feuille de papier. Sur celle-ci on porte avec précaution l'éprouvette B, maintenue bien droite, afin que l'hydrogène léger ne puisse s'en échapper, on les juxtapose exactement, bord à bord, le papier les séparant.

Alors on retourne, bout pour bout, tout le système. Après un instant, on peut constater que l'éprouvette A, devenue supérieure, contient de l'hydrogène qui y est monté en traversant le papier : ce qui montre la propriété *endosmotique*. Puis que l'éprouvette B n'en contient plus, car le gaz s'en est échappé en raison de sa légèreté.

En effet, A, une allumette en combustion étant approchée de son ouverture, donne une inflammation avec une petite détonation.

B ne donne rien.

20. Pouvoir réducteur de l'hydrogène. — Le tube abducteur est enlevé et remplacé par un *tube à réduction* contenant quelques pail-lettes *d'oxyde de cuivre.*

C'est un tube de fort diamètre (deux centimè-tres), en verre peu fusible, dit *verre vert*, effilé à une extrémité, fixé par l'autre sur le tube à dé-gagement à l'aide d'un petit bouchon de caoutchouc percé d'un trou.

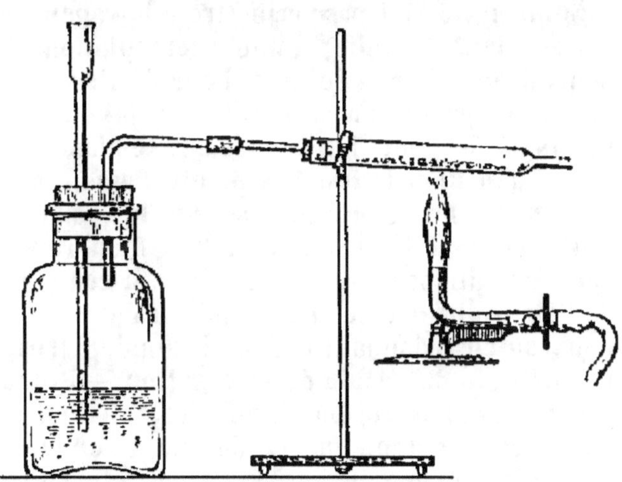

Fig. 26. — Réduction de l'oxyde de cuivre.

L'extrémité est soutenue par le support qu'on prendra soin de ne pas chauffer.

Pendant qu'un élève entretient le dégagement gazeux avec régularité, l'autre chauffe le tube à réduction à l'aide du brû-leur. Il promène à plusieurs reprises la flamme d'un bout à l'autre afin de chauffer le tube dans toutes ses parties pour diminuer les chances de rupture ; puis, fixant la chauffe sur les paillettes d'oxyde de cuivre les plus voisines de l'appareil, il les voit devenir incandescentes, puis passer à la couleur rouge du cuivre métallique. Il avancera ainsi graduellement jusqu'à l'autre extrémité de la colonne d'oxyde de cuivre.

Pendant toute la durée de l'expérience, on constatera un abondant dégagement de vapeur d'eau.

Précautions. — Le dégagement d'hydrogène ne doit jamais s'arrêter et la réaction ne doit pas s'emballer. Les élèves s'efforceront de se maintenir dans le juste milieu opportun.

Il faut éviter d'allumer l'hydrogène à la sortie du tube à réduction. La réaction n'en serait pas troublée, mais on ne pourrait ainsi constater avec netteté la formation de vapeur d'eau dans l'action de l'hydrogène sur l'oxyde de cuivre. Cette vapeur pourrait être confondue avec celle qui provient de la combustion du gaz.

D'ailleurs il est souvent très difficile d'éteindre cette flamme. On est obligé alors, pour y parvenir, de séparer le tube à réduction du reste de l'appareil pour le replacer une fois la flamme éteinte.

Enfin, il ne faut pas permettre à la vapeur d'eau de se condenser dans le tube; toute accumulation d'eau en un point pourrait faire casser le tube. Pour l'éviter, on maintient chaudes toutes ses parties en portant immédiatement la flamme sur les points où les gouttelettes auraient tendance à se déposer, et on a soin d'incliner le tube, la pointe basse, pour que les gouttes condensées ne retombent pas sur les parties chaudes. Si l'on veut conserver le cuivre réduit et bien rouge, il doit refroidir dans une atmosphère d'hydrogène. Si celui-ci était remplacé par de l'air avant que le métal soit froid, le cuivre noircirait de nouveau en redonnant de l'oxyde ainsi qu'il est dit au § 8.

30. Étude du résidu de la réaction.—Filtration. — Les expériences sur l'hydrogène terminées, on démonte l'appareil qui doit encore contenir un peu de zinc, et on laisse la réaction s'arrêter d'elle-même afin qu'il ne reste pas sensiblement d'acide sulfurique mêlé au liquide.

Pendant ce temps, on prépare un filtre, ainsi qu'il sera expliqué plus loin. On place ce filtre dans un *entonnoir* de verre, et l'entonnoir sur un support quelconque. Au-dessous on met un verre à expériences.

Pour filtrer le liquide, on s'assure que la pointe du filtre est bien enfoncée dans le tuyau de l'entonnoir, et on verse doucement sur les parois et non sur le fond. Ces deux précautions ont pour but d'éviter de percer le papier. Il y a avantage à verser le liquide le long d'un agitateur vertical : on évite de voir le liquide couler le long du verre au lieu de tomber dans l'entonnoir. Il reste sur le filtre des matières solides en suspension, qui sont

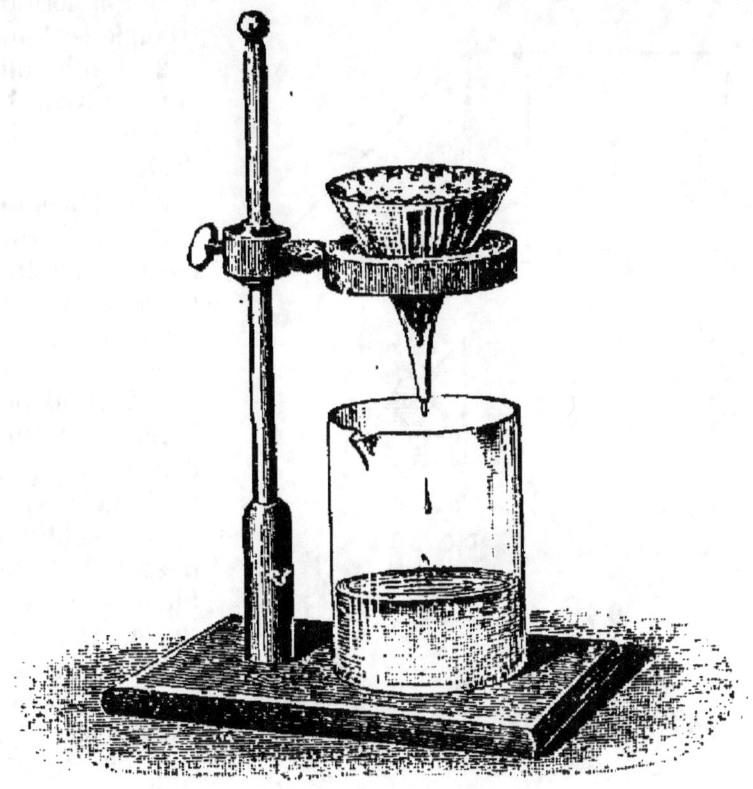

Fig. 27. — Entonnoir et filtre.

du charbon ou des traces de plomb contenus dans le zinc. Le liquide qui passe est limpide et encore chaud. Il est, en effet, important de ne pas le laisser se refroidir avant de le filtrer.

Au bout de quelques minutes, par refroidissement, on verra apparaître des cristaux blancs dans le liquide. C'est le sulfate de zinc formé.

Si cette solidification tardait à se produire, on verserait un peu de liquide dans un tube à essai et on plongerait celui-ci dans le jet d'un robinet d'eau froide, afin d'activer l'abaissement de température.

31. Manière de faire un filtre en papier. — Le filtre est destiné à séparer les corps solides des corps liquides en suspension. Lorsque le liquide seul intéresse, on se sert d'un *filtre à plis*.

Pour le confectionner on se sert d'un papier spécial, non collé, dit papier à filtre, dans lequel on découpe un carré parfait :

1° On plie ce carré suivant une grande diagonale : la figure prend la forme d'un triangle rectangle ;

2° On le plie en deux suivant la bissectrice de l'angle droit ;

3° Le triangle nouveau du dessus est encore plié en deux de la même manière, et aussi celui du dessous.

4° Partant alors de l'arète extrème on divise le premier angle en trois parties, et on continue en faisant le tour du filtre. Par cette méthode, tous les plis primitifs que l'on rencontre servent et sont dans le bon sens. On coupe l'extrémité.

On obtient ainsi un filtre à 24 pans, qu'on déploie en cône.

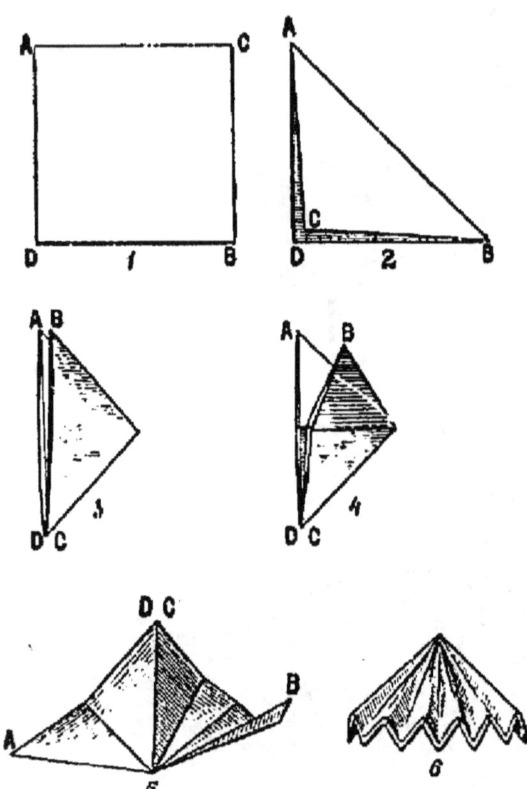

Fig. 28. — Confection d'un filtre à plis.

Aux extrémités se trouvent deux pans limités par des plis de même sens. On rétablira l'intermittence régulière en coupant ces pans en deux par un pli convenable.

Le bord du filtre doit être voisin du bord de l'entonnoir, de préférence un peu en dessous. — La pointe est serrée entre les doigts, enfoncée dans le tuyau comme il a été dit précédemment : si le cône est peu ouvert, on ne s'en inquiète pas : il s'écartera de lui-même sous la pression du liquide qui y sera versé.

On peut évidemment faire des filtres à 32, 40, 48 pans. Ceci sera avantageux pour ceux de grande dimension. Ceux que l'industrie fournit tout faits (filtres Laurent) ont d'autant plus de pans qu'ils sont plus vastes.

CHAPITRE IV

SEL MARIN. — ACIDE CHLORHYDRIQUE. — CHLORE.
CHLORURES DÉCOLORANTS.

CHLORURE DE SODIUM. — ACIDE CHLORHYDRIQUE.

32. Étude du sel marin. — On chauffe, dans un tube à essai, deux ou trois grammes de sel de cuisine.

Celui-ci *décrépite*, c'est-à-dire qu'il se brise avec bruit sous l'effort de la vapeur que donne l'eau interposée entre les lames de sel.

L'existence de cette vapeur d'eau est manifestement démontrée par la formation de buée et de gouttelettes qui se déposent sur les parties froides du tube.

A une température suffisamment élevée, vers 780°, le sel subirait la *fusion ignée*, c'est-à-dire qu'il fondrait sans le secours de l'eau contenue. En effet, l'eau est complètement volatilisée à cette température ; toutefois, on ne peut observer ce phénomène dans un tube de verre qui serait fondu avant que cette température ne soit atteinte.

Les élèves verront le sel fondu au creuset fourni par l'industrie : *blanc*, s'il est pur, *gris* ou *rougeâtre*, s'il est ordinaire.

Ils auront également occasion d'examiner de près des échantillons de *sel Gemme* et des cristaux de sel marin groupés en *trémies*.

33. Préparation de l'acide chlorhydrique. — Dans un petit ballon de 200 centimètres cubes, on verse environ 50 centimètres cubes ou une centaine de grammes d'acide sulfurique concentré. On ajoute cinq ou six petits morceaux de chlorure de sodium fondu. On chauffe doucement, car le gaz chlorhydrique se dégage même à froid.

Un bouchon de caoutchouc ferme le col du ballon ; il est traversé par un tube à dégagement en deux parties jointes par un raccord de caoutchouc. La seconde partie qui porte un renflement en boule à mi-longueur vient plonger dans un autre ballon, de 100 centimètres cubes, contenant 1/3, de son volume d'eau. Un verre à expérience ordinaire lui sert de support.

Le gaz acide chlorhydrique qui se dégage est dissout par l'eau.

Il est bon, pour éviter les chutes, de soutenir le ballon principal en prenant son col dans la pince du support universel. On la placera aussi haut que possible, sous la cordeline qui borde le col, sans la serrer à fond, ce qui pourrait provoquer la rupture de ce col.

Précautions. — Si l'extrémité inférieure du tube à dégagement plonge dans l'eau, il y a toujours lieu de craindre que cette eau pénètre dans le tube. Deux causes peuvent provoquer cette *absorption*. D'abord, la grande solubilité du gaz, qui fait que l'eau a tendance à monter pour prendre la place de celui qu'elle absorbe ; en second lieu, un arrêt ou simplement une diminution dans la chauffe produirait le même phénomène ; le refroidissement du gaz contenu dans le ballon entraînant sa contraction.

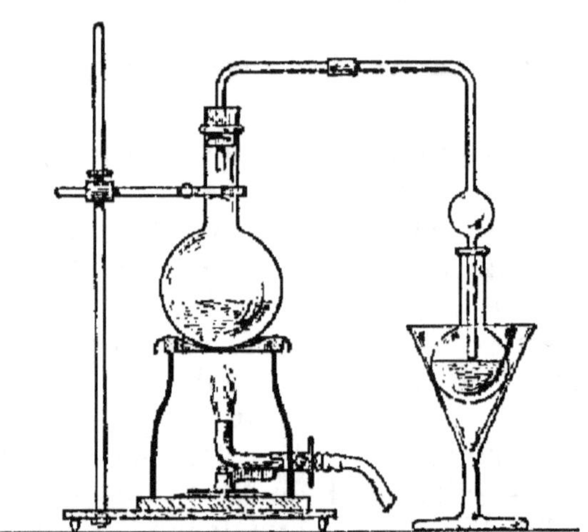

Fig. 29. — Préparation de la solution dans l'eau d'un gaz soluble.

Or l'eau, même en faible quantité, pénétrant dans ce ballon et tombant sur l'acide sulfurique chaud provoquerait fatalement une explosion.

Pour prévenir cet accident, on placera l'extrémité inférieure du tube un peu au-dessus du niveau de l'eau dans le petit ballon tant que le dégagement gazeux sera modéré.

Mais cette méthode a l'inconvénient de permettre au gaz mal absorbé de se répandre en proportion notable dans l'atmosphère. C'est pourquoi, lorsque le dégagement est rapide, il vaut mieux plonger l'extrémité du tube dans l'eau, mais de un ou deux millimètres seulement ; la surveillance ne doit pas être abandonnée une seconde, et le tube doit être retiré au-dessus de l'eau au moindre symptôme de ralentissement.

L'appareil doit être monté de telle façon qu'il suffise de rapprocher ou d'écarter très peu le verre contenant le petit ballon pour que l'extrémité du tube soit dans les conditions exigées.

Au cas où, malgré ces soins, ou parce qu'on aurait un instant négligé de les prendre, l'eau commencerait son ascension, il faudrait immédiatement :

1° Écarter le petit ballon afin que le tube ne plonge plus dans l'eau ;

2° Se garder de supprimer le feu. L'augmenter plutôt s'il était très faible ;

5° Séparer les deux parties du tube à dégagement en détachant le raccord, et même commencer par là si on peut craindre que la boule de sûreté soit insuffisante pour retenir l'eau qui monte.

54. Tubes de sûreté. — L'appareil n'a été décrit de cette manière que pour rester, autant que possible, dans des conditions d'installation très simples.

Pour un appareil présentant toute sécurité, on fera emploi d'un *tube de sûreté*.

Nous en décrirons deux dispositifs :

Le premier consiste en un ballon fermé par un bouchon de caoutchouc percé de deux trous. Le second trou laisse passer un tube à entonnoir plongeant un peu dans le liquide intérieur.

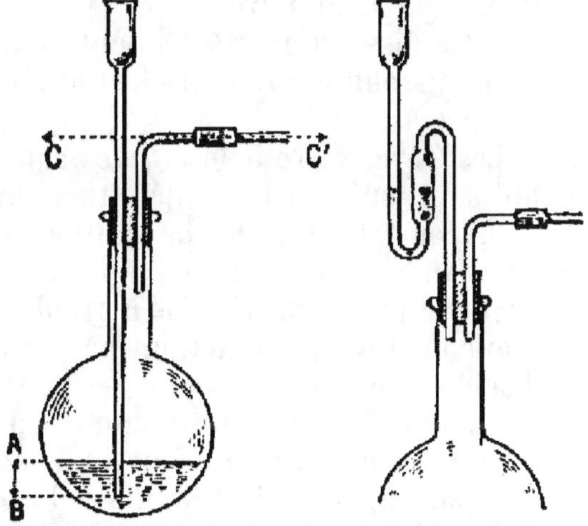

Fig. 30. — Tube de   Fig. 31. — Tube de
sûreté étroit.   sûreté en S.

Cette disposition ressemble à celle de l'appareil à hydrogène (fig. 23).

En cas de dépression à l'intérieur, l'air vaincra la résistance de la hauteur AB du liquide avant que l'eau ait pu monter dans le tube à dégagement jusqu'au niveau CC'. L'équilibre se rétablira sans que l'eau pénètre dans l'appareil.

Ce système est simple et peu fragile. Toutefois, dans le cas particulier qui nous occupe, le *sulfate acide de sodium* produit par la réaction pourrait obstruer l'entrée du tube.

Le second, plus parfait, est le tube en S. Il exige, de même, un deuxième trou dans le bouchon de caoutchouc. C'est un tube à entonnoir portant deux courbures aiguës séparées par un renflement. On y verse un peu d'acide sulfurique, par exemple (en principe, un liquide sans action sur le gaz préparé et ne pouvant causer d'accident si une goutte en tombe dans le ballon). En cas de dépression intérieure, l'air rentre dans le ballon en barbotant au travers du liquide avant que l'eau soit parvenue au niveau CC'.

Ces tubes sont assez fragiles, en même temps que coûteux. On les brise facilement en les enfonçant dans les bouchons. Il faut avoir soin de les mouiller, pour qu'ils glissent mieux, et de les pousser doucement en tournant et en évitant de faire un effort perpendiculaire au plan des courbures, qui ne manqueraient pas alors de se rompre.

55. Expériences sur l'acide chlorhydrique. — Au cours de la préparation, on constate l'extrême solubilité du gaz, et son odeur piquante.

D'autre part, on remarque la formation de *stries* dans le liquide, lesquelles descendent et montrent qu'il se forme un liquide plus dense que l'eau pure.

Cette dissolution est d'ailleurs limpide et incolore, au contraire de la dissolution industrielle qui est jaune en raison de multiples impuretés.

Les élèves verront le *sulfate neutre* et le *sulfate acide de sodium*, qui sont, suivant la température, le résultat de la réaction.

Ils constateront que la solution d'acide chlorhydrique attaque un grand nombre de métaux en dégageant de l'hydrogène. Par exemple le *fer* ou le *zinc* à froid, le *cuivre* ou l'*étain* à chaud. (Pour le cuivre, la réaction marche bien en présence d'une goutte d'acide azotique.)

Il suffit de mettre un menu fragment d'un de ces métaux dans un tube à essai, de le couvrir de solution et de chauffer s'il y a lieu pour apercevoir les bulles d'hydrogène qui se forment dans le liquide. Au bout d'un instant, on pourra allumer le gaz à l'orifice du tube.

Il sera également facile de constater que la teinture bleue de tournesol prend une couleur rouge vermeil sous l'influence d'une petite quantité de solution.

56. Réaction générale des chlorures et de l'acide chlorhydrique. — Pour déceler, dans une solution, la présence de l'acide chlorhydrique, ou d'un de ses sels, on versera un peu de ce liquide dans un tube à essai. Puis on y ajoutera quelques gouttes d'une dissolution d'*azotate d'argent*.

Il se forme un *précipité blanc*, dit *caillebotté*, c'est-à-dire présentant l'aspect du lait caillé. Ce précipité disparaît par l'addition d'un peu d'ammoniaque.

Il est constitué par du *chlorure d'argent*, un des rares chlo-

rures insolubles dans l'eau. Sa blancheur s'altère, il devient grisâtre, sous l'action prolongée de la lumière du jour.

CHLORE ET CHLORURES DÉCOLORANTS.

57. Préparation du chlore et d'une solution de chlorure de chaux. — Les élèves doivent s'accoutumer à réaliser les expériences sur des quantités de matières, aussi petites que possible :
elles sont aussi concluantes, tout en étant plus économiques et
moins dangereuses.

Dans le cas précédent, il doit rester les trois quarts de la solu-

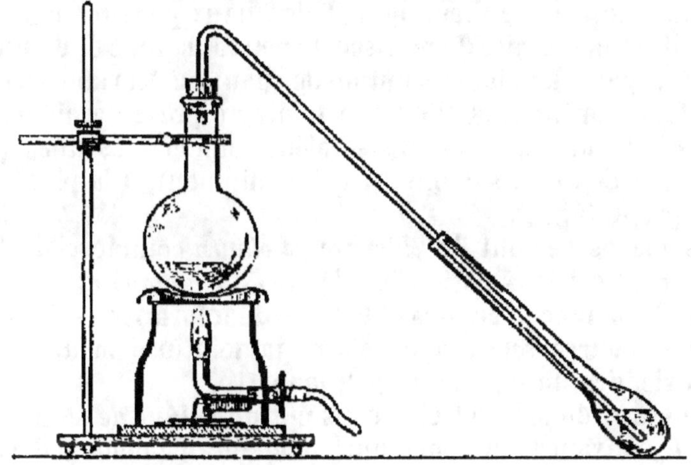

Fig. 32. — Préparation du chlore et d'un chlorure décolorant.

tion chlorhydrique du petit ballon. On y ajoutera quelques grains
de *bioxyde de manganèse* et le petit ballon viendra prendre la
place de celui où s'est fait l'acide chlorhydrique. On chauffera
très peu, la teinte verte du chlore apparaissant dans le ballon
avant même qu'on ait commencé de chauffer.

L'action du chlore sur les voies respiratoires ne permettant
pas de le laisser se répandre dans l'atmosphère, un bouchon de
caoutchouc à un trou sera placé sur le col. Il laissera passer un
tube à dégagement long, portant une seule courbure à angle aigu
et plongeant jusqu'au fond d'un *matras d'essayeur*.

C'est une petite poche en verre munie d'un long col. Elle est
employée par les chimistes essayeurs qui recherchent les titres
des alliages d'or.

Ce matras contient une substance propre à absorber le chlore pour en préparer un chlorure décolorant. Dans l'industrie, cette substance est la *chaux*. Malheureusement la chaux est une matière solide qui retient mal le chlore dans un appareil de laboratoire. Mais comme, dans la plupart des cas, le *chlorure de chaux* formé est employé à l'état de dissolution dans l'eau, nous fabriquerons cette solution de suite en faisant barboter le chlore dans un *lait de chaux*. C'est de l'eau contenant de la chaux en suspension.

Lorsque la couleur verte de l'atmosphère intérieure sera disparue, on filtrera le liquide obtenu dans le matras.

Précaution. — Le chlore étant moins rapidement dissous que le gaz chlorhydrique dans la préparation précédente, il y a, de ce chef, moins à craindre l'*absorption*. Toutefois, vers la fin, le dégagement est irrégulier; le lait de chaux peut monter dans le tube; il est nécessaire de pousser un peu la flamme et de retirer le tube à dégagement de la solution de chaux en écartant le matras.

Cette absorption, si elle s'effectuait, ne présenterait ici guère de danger; mais les matières seraient souillées les unes par les autres; et l'on doit s'habituer, en manipulant, à la plus scrupuleuse propreté.

Les élèves verront le *chlorure de chaux* commercial, l'*eau de Javel* et les cristaux roses de *chlorure de manganèse*.

58. Expériences sur les chlorures décolorants. — La solution obtenue pourra servir à décolorer la teinture bleue d'indigo, qui deviendra un liquide un peu jaunâtre.

L'encre ordinaire (si elle est faite de *sulfate de fer* et de *noix de galle*, suivant la méthode ancienne) sera également décolorée. Il ne lui restera qu'une légère teinte *rouille*. Il sera facile d'y retrouver l'aspect des traces laissées par des taches d'encre sur le linge nettoyé à l'eau de Javel.

Pour constater que ces propriétés sont tout à fait les mêmes que celles du chlore gazeux, on serrera un tube à essai dans la pince du support universel; on y mettra 5 centimètres cubes d'acide chlorhydrique et un grain ou deux de bioxyde de manganèse; on fermera d'un bouchon portant un tube à dégagement recourbé se rendant dans un autre tube à essai. Et on chauffera doucement.

Dans le second tube on mettra un des liquides colorés précédents. Il sera décoloré. Même la teinture de tournesol sera mieux décolorée; dans le cas précédent, il eût été nécessaire de la rougir par un excès sensible d'acide pour obtenir ensuite la décoloration.

59. Acide hypochloreux. — Ce corps, inconnu à l'état pur, peut être obtenu en dissolution de la manière suivante : garnir le matras ou le second tube d'un des deux appareils précédents,

suivant la quantité désirée, avec un peu d'eau et d'*oxyde rouge
de mercure* (déjà étudié à propos de l'oxygène).

Quand le chlore aura barboté assez longtemps, la poudre rouge
sera peu à peu devenue blanche, se transformant en *oxychlorure
de mercure*. Le liquide filtré fournira une solution étendue d'*acide
hypochloreux* donnant tout à fait les mêmes réactions que la
solution de chlorure de chaux ou le courant de chlore étudiés
ci-dessus.

SODIUM.

40. Sodium. Soude. — Le second élément qui se trouve dans
le sel marin est un métal très léger nommé *sodium*.

Les élèves en verront des fragments conservés dans l'huile
minérale, et complètement noircis par une oxydation superficielle. C'est ainsi que les livre le commerce.

Mais ils en verront que l'on aura débarrassé de sa croûte
d'impuretés en enlevant, à l'aide d'un couteau, une lame mince
sur chaque face, et qui aura conservé un bel éclat métallique
dans du *pétrole* additionné d'un peu d'*alcool amylique*.

La *soude caustique*, déjà vue à propos des impuretés de l'air, se
présente sous l'aspect de plaques blanches, tombant en déliques-
cence par absorption de l'humidité atmosphérique. On le constatera en abandonnant dans une soucoupe une plaque de soude
caustique primitivement sèche.

Si, dans un tube à essai, on chauffe un petit morceau de soude
caustique, on observe qu'il fond assez facilement. On laisse
refroidir et on ajoute de l'eau avec précaution : on constate alors
qu'il y a dissolution avec un fort dégagement de chaleur.

Cette solution est alcaline, c'est-à-dire qu'elle présente les propriétés basiques avec une grande intensité. Elle bleuit facilement
la teinture de tournesol rougie par un acide. Elle précipite certains
oxydes de leurs solutions salines. C'est ainsi que si dans des tubes
à essai contenant des solutions de sels métalliques, on verse une
goutte de la liqueur de soude préparée, on obtiendra les résultats
suivants :

Avec un sel de calcium, un précipité blanc.

—	de cuivre,	—	bleu.
—	ferrique,	—	rouille.
—	mercurique,	—	jaune.
—	de plomb,	—	blanc. } Soluble dans
—	de zinc,	—	— } un excès
—	d'aluminium,	—	— } de soude.

CHAPITRE V

SOUFRE. — ACIDE SULFUREUX. — ACIDE SULFURIQUE.
HYDROGÈNE SULFURÉ.

SOUFRE.

41. Capsules. — On appelle *capsule* un récipient de porcelaine susceptible d'être chauffée, en forme de calotte sphérique, généralement muni d'un bec.

42. Cristallisation du soufre par voie sèche. — Dans une capsule de porcelaine de 10 à 15 centimètres de diamètre on entasse des morceaux de *soufre en canons* concassé et on chauffe très lentement.

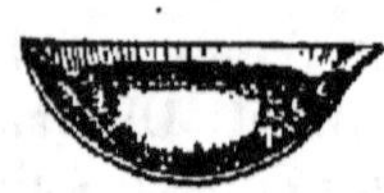

Fig. 55. — Cristallisation du soufre, par fusion et solidification.

Cette modération est rendue indispensable par deux circonstances. D'abord parce qu'il faut craindre d'enflammer le soufre, ensuite parce qu'il faut être très circonspect lorsque dans un vase de verre ou de porcelaine on chauffe un corps solide : celui-ci, en effet, n'est en contact avec la paroi que par quelques points ; la chaleur, plus facilement transmise par ces points que par les autres, sera inégalement distribuée sur le fond, puisque celui-ci est mauvais conducteur : d'où une chance de rupture qui ne se peut éviter qu'en fournissant la chaleur très graduellement.

Lorsque le soufre est bien fondu, on ne chauffe pas au-delà. On éteint le brûleur, ou, si on en a besoin pour une autre manipulation, on enlève avec précaution la capsule et on la pose sur une couronne de jonc tressé qui porte le nom de *ralet*. Cet ustensile est employé pour poser en équilibre stable un vase à fond sphérique.

Le soufre se refroidit lentement. Il se solidifie tout d'abord dans les régions qui communiquent les premières leur chaleur à l'atmosphère environnante, c'est-à-dire le long des parois et à la surface libre. Sitôt qu'on voit celle-ci se plisser légèrement, on surveille la solidification de très près. Il importe de ne pas laisser passer le moment favorable. Lorsque la croûte supérieure est formée sur toute la surface et qu'elle ne colle plus au doigt appuyé avec précaution, on fait, avec une pointe, un trou, le plus voisin du bec de la capsule qu'il est possible, pour faire écouler le soufre; et un autre, diamétralement opposé, pour permettre à l'air de rentrer. On vide rapidement le soufre non solidifié dans une assiette. A l'aide d'un couteau, enfoncé dans la croûte, on décrit un cercle à un demi centimètre du bord, pour détacher toute cette surface solide qu'on sépare en renversant le récipient sur une feuille de papier blanc. On pourra observer les aiguilles cristallines sur les parois de la capsule et à l'envers de la croûte.

43. Définition. — On appelle *creuset* un vase de parois épaisses, en terre réfractaire dans le cas qui nous occupe, de forme élevée, et muni d'un couvercle s'il est besoin.

L'opération précédente peut s'effectuer dans un récipient de cette espèce. Il offre sur la capsule l'avantage d'être plus résistant et plus économique. Mais il exige un fourneau à gaz : il est plus difficile à échauffer et à refroidir; et sa forme est moins favorable à la fabrication d'une large couche d'aiguilles.

Fig. 31. — Creuset.

Précautions. — Le récipient, quel qu'il soit, ne doit pas présenter de gouttelettes de soufre solidifiées à la surface extérieure, résultant d'expériences précédentes. Elles s'enflammeraient, chargeraient l'atmosphère de gaz sulfureux, pénible à respirer, et pourraient, si on emploie la capsule, briser celle-ci.

Si, malgré les précautions indiquées, le soufre s'enflammait dans le récipient, on poserait sur le creuset un couvercle, ou sur la capsule une soucoupe. On écarterait, on éteindrait le feu. Au bout d'un instant, le soufre est éteint.

44. Etude des différentes périodes de la fusion du soufre. — Dans un ballon de 500 centimètres cubes on introduit 100 à 150 grammes de soufre en petits morceaux, avec les précautions indiquées au § 17, pour introduire des fragments solides dans un ballon sans en briser le fond.

On chauffe doucement; on observe la fusion : le premier état du soufre liquide, vermeil et limpide; le second, noir et pâteux; de temps en temps on prend le ballon, par le col, dans une pince en bois, et on constate les changements de viscosité du liquide, laquelle, jusqu'à p...., augmente quand la température s'élève : phénomène inverse de ce qui se passe généralement en pareil cas. Enfin, le troisième état, fluide à nouveau, mais noir toujours, ou, plus exactement, rouge brun très foncé.

Si on continue à chauffer, le soufre entre en ébullition.

45. Soufre mou. — Au moment où le soufre sort du second état pour redevenir fluide, *sitôt qu'il peut couler avec facilité*, on prend le ballon avec la pince, vers le bas du col, les ongles en dessus, bien solidement.

Un cristallisoir, ou une terrine d'eau froide, ayant été préparé, on renverse lentement le ballon afin d'en faire couler un filet de soufre bien régulier, gros comme une forte ficelle. Sitôt que le filet pénètre dans l'eau, on tourne constamment au-dessus du cristallisoir afin que le soufre ne puisse s'entasser en un point. On s'arrête lorsqu'on a versé au plus la moitié du soufre, mais on ne redresse complétement le ballon qu'en s'assurant que la dernière goutte qui pend au bord du col ne viendra pas se coller à l'extérieur du ballon : elle pourrait, par la suite, amener sa rupture. Si elle est embarrassante, on trempe un doigt dans l'eau froide pour éviter de se brûler et on s'en sert pour enlever la goutte de soufre sans toucher le verre.

On remet alors le ballon au feu pour observer les états correspondant aux températures plus élevées.

Un soufre mou bien réussi est régulier, exempt de grumeaux, translucide, de couleur claire. Il est alors souple, élastique, et peut s'étirer sur une grande longueur sans se rompre. Coulé à une température plus élevée il est noirâtre et ne présente pas les mêmes qualités d'élasticité. S'il n'était pas assez chaud, il donnerait un soufre solide sec et cassant, n'ayant aucune souplesse. Si, dans une capsule pleine d'eau, qu'on fait bouillir, on maintient le soufre mou pendant dix minutes, il se transforme en soufre dur.

46. Différents aspects du soufre solide. — Les élèves auront occasion de voir :

1° Des échantillons de *minerais* de soufre ;

2° De la *fleur de soufre*, dont ils apprécieront la faible densité ;

3° Des *canons* de soufre commercial.

En serrant près de l'oreille un morceau de canon de soufre échauffé par le contact de la main, ils entendront le *cri du soufre* : c'est un léger craquement produit par la rupture des couches cristallines intérieures, lesquelles ne se dilatent pas, tandis que la surface extérieure, dont la température s'est un peu élevée, se dilate. Ce qui prouve combien le soufre est mauvais conducteur de la chaleur ;

4° Des cristaux de *soufre octaédrique*, tirés d'une dissolution dans le *sulfure de carbone*;

5° Du *soufre insoluble* dont ils remarqueront la teinte à peine jaune ;

6° Du soufre mou provenant d'une manipulation antérieure et qui aura repris l'état cassant habituel.

47. Combinaisons du soufre avec les métaux. — *a*). On peut répéter l'expérience du *volcan de Lemery* ainsi qu'elle est décrite dans les cours de chimie. On mêle intimement de la fleur de soufre et de la limaille de fer dans la proportion de 8 grammes à 11 grammes; on met cette poudre dans un petit ballon, et on verse un peu d'eau chaude en agitant pour humecter toute la masse. On ferme d'un bouchon qui laisse passer un tube effilé et on abandonne au repos pendant quelques minutes. On verra alors un jet de vapeur d'eau se dégager par le tube; la chaleur dégagée par la combinaison du fer et du soufre a volatilisé l'eau ajoutée. Le ballon contient du sulfure de fer, noir.

b). Pour faire brûler du cuivre dans le soufre, on attendra que le reste du soufre contenu dans le ballon, où on en a laissé (§ 45), soit arrivé à la température d'ébullition : le voile de soufre qui s'était déposé sur les parois du ballon disparaît alors graduellement. À ce moment on éteint le feu et on fait tomber dans le ballon des tortillons de *tournure de cuivre*. Chacun d'eux se combine au soufre avec incandescence. Comme le feu est éteint, on est sûr que le dégagement intense de chaleur qui se produit a pour seule origine la combinaison du métal avec le soufre. Il s'est produit du sulfure noir de cuivre.

Précautions. — Au cours de ces expériences, on verra quelquefois la vapeur du soufre brûler à la sortie du ballon. D'autres fois, la flamme entrera dans le corps de l'appareil et il se produira une petite détonation. Ces légères explosions sont sans aucun danger.

Plus gênante peut être la rupture du ballon, fort possible lorsqu'on y fait bouillir du soufre, ce qui exige une température de 440°. Le liquide se répand sur la table, sur le fourneau ou le support du bec Bunsen et s'enflamme immédiatement en produisant du gaz sulfureux aux propriétés suffocantes. On doit tenir à portée un seau plein de sable fin, muni d'une truelle ou d'une petite pelle à main, pour couvrir immédiatement le soufre fondu en combustion.

Nota. — La combustion du soufre dans l'oxygène, dans les conditions normales, a été faite lors de l'étude de ce dernier corps.

ACIDE SULFUREUX.

48. Préparation de la dissolution d'acide sulfureux. — On remontera l'appareil qui a servi à la préparation de la solution d'acide chlorhydrique (§ 53). On mettra un peu plus d'eau dans le petit ballon, plus de la moitié, parce que le gaz sulfureux est moins soluble que l'acide chlorhydrique.

Le ballon générateur recevra de l'*acide sulfurique concentré*, 100 à 150 grammes, et une forte goutte de *mercure*. Puis il sera doucement chauffé. Dans ces conditions il se dégage du gaz sulfureux et il reste dans le ballon du *sulfate mercureux*.

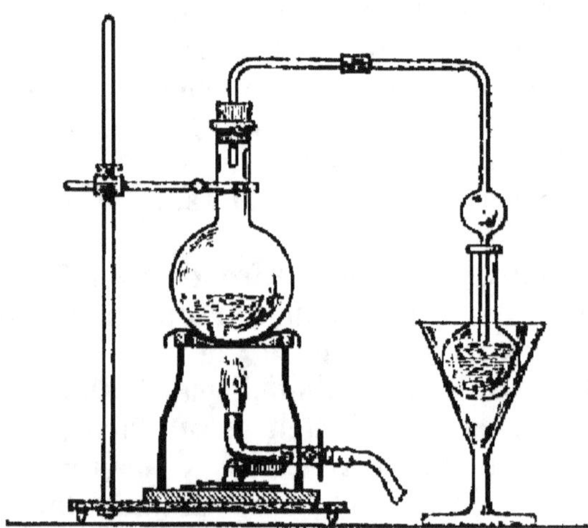

Fig. 55. — Préparation de la solution de gaz sulfureux.

Les précautions à prendre pour éviter l'absorption sont exactement les mêmes que dans la préparation de l'acide chlorhydrique dissous : les dangers sont analogues puisque c'est toujours de l'acide sulfurique concentré qui sert à la préparation.

Nous ne saurions trop répéter que leur absolue observation s'impose et qu'aucune négligence ne doit être permise, surtout si l'appareil est monté de la façon la plus simple, c'est-à-dire sans tube de sûreté.

Il faut chauffer très peu. En effet, sitôt que la réaction commence, elle s'accélère d'elle-même en raison de la chaleur qu'elle dégage. Il est donc prudent de la conduire très doucement dès le début et de ne pas s'impatienter si elle semble un peu lente à se mettre en train.

Remarque. — On pourrait obtenir le même résultat avec du cuivre; mais la formation de mousse abondante qui passe quelquefois par les tubes, sans qu'on puisse l'arrêter, nous fait préférer le mercure. D'ailleurs, la différence de prix est insignifiante, eu égard à la petite quantité de métal employé. Il est d'ailleurs facile de récupérer ensuite le *sulfate mercureux* obtenu.

Avec le charbon, l'opération est pratique : mais, en même temps que du gaz sulfureux, il se produit du *gaz carbonique* qui peut empêcher les expériences, faites sur la dissolution, d'avoir toute la netteté désirable.

49. Expériences relatives au gaz sulfureux. — On montrera aux élèves des *pyrites* ou sulfures de fer naturels, employés par l'industrie pour fabriquer le gaz sulfureux.

Acidité. — On constatera que le gaz sulfureux, en présence de l'eau, fournit un acide fort puisqu'il communique au tournesol bleu une teinte rouge vermeil.

On verra, à cette occasion, du *sulfite* et du *bisulfite de sodium*. Un cristal de sulfite, traité dans un tube à essai par quelques gouttes d'acide sulfurique, donne du gaz sulfureux, chassé de sa combinaison par un acide énergique et qu'on reconnaît à son odeur. Le bisulfite, deux fois plus riche en acide sulfureux pour la même quantité de soude, donne cette odeur spontanément.

50. Propriétés décolorantes. — Le gaz sulfureux est un *réducteur*. Il tend à fixer l'oxygène pour donner de l'*anhydride sulfurique*.

En présence d'eau, avec plus de facilité encore, l'*acide sulfureux* tend à fixer l'oxygène pour donner de l'*acide sulfurique*.

C'est grâce à cette propriété qu'il détruit certaines matières colorantes en changeant leur constitution; c'est généralement sur les matières colorantes végétales qu'il manifeste le mieux cette tendance.

On verra blanchir, si on les expose à son action, les roses, les lilas, les violettes. Avec ces dernières fleurs, on peut faire une série d'expériences particulièrement intéressantes.

Des violettes, placées dans le col du petit ballon contenant la dissolution de gaz sulfureux, blanchissent sous la seule action du gaz qui s'en dégage.

On irait plus vite en trempant les fleurs dans la solution, mais elles en sortiraient beaucoup plus flétries.

D'ailleurs, la matière colorante n'est pas détruite, mais seulement modifiée dans sa constitution. Abandonnées à l'air pur, les fleurs reprennent au bout de quelques heures leur teinte naturelle.

On peut mettre en évidence ce fait d'une manière immédiate en se servant d'un *alcali*, ou *base énergique*, qui rend *vertes* les violettes primitivement blanchies, au même titre d'ailleurs que celles qui n'ont subi encore aucune action.

Enfin, les violettes blanchies ou non, traitées par un *acide énergique*, deviennent roses.

Comme alcali, nous choisirons l'*ammoniaque*. Comme acide, l'*acide chlorhydrique* en solution. Ces deux corps étant volatils, nous pourrons nous contenter d'exposer les fleurs aux vapeurs qui s'en dégagent plutôt que de les tremper : ce qui est préférable pour la raison exposée plus haut.

Il suffit d'en mettre quelques gouttes au fond d'un tube à essai et d'engager la fleur dans l'ouverture.

51. Principe de la transformation de l'acide sulfureux en acide sulfurique. — On commence par constater qu'une solution de *chlorure de baryum* précipite en blanc par l'acide sulfurique. Il se forme du *sulfate de baryum* insoluble dans l'eau.

Une solution de gaz sulfureux présente en général cette propriété. Mais cela tient à ce que l'acide sulfureux s'est transformé partiellement en acide sulfurique à la faveur de l'oxygène emprunté à l'atmosphère et dissous par l'eau.

En effet, si on ajoute un excès de chlorure de baryum en solution et si on filtre, on enlève tout l'acide sulfurique à l'état de sulfate de baryum précipité et on obtient une dissolution, présentant encore l'odeur et les propriétés décolorantes de l'acide sulfureux, qui ne précipite plus le chlorure de baryum.

Et si maintenant on y ajoute un corps oxydant, tel un peu *d'eau de chlore*, le chlore décompose l'eau, en fixant l'hydrogène et en libérant l'oxygène; celui-ci transforme l'acide sulfureux en acide sulfurique, et, à la faveur du *chlorure de baryum* resté en solution, il se forme le précipité blanc de sulfate de baryum.

L'acide azotique donne le même résultat, car c'est aussi un oxydant énergique. C'est le principe de la préparation de l'acide sulfurique dans l'industrie.

ACIDE SULFURIQUE.

52. Acide sulfurique. Aspects divers. — Les élèves pourront voir :

L'acide sulfurique pur, parfaitement incolore.

L'acide sulfurique commercial, coloré en gris brun faible, par des impuretés diverses : traces de matières organiques, poussières de toutes sortes, et de matières nitreuses résultant de sa préparation.

Ils remarqueront le poids considérable de ce liquide dont la densité est près de deux fois celle de l'eau; et sa consistance un peu visqueuse qui lui a fait donner le nom d'*huile de vitriol.*

L'anhydride sulfurique, en filaments blancs soyeux, enfermé dans un tube ou un matras fermé à la lampe par fusion du verre.

L'acide sulfurique fumant, dissolution d'anhydride dans l'acide. Il répand des vapeurs blanchâtres, quand on débouche le flacon, parce que les vapeurs de l'anhydride, assez volatil, se dégagent pour se combiner à l'humidité de l'atmosphère.

S'il est pur, il est incolore. Le plus souvent il est de la teinte grise indiquée ci-dessus. L'acide dit *de Nordhausen* (nom d'une ville de Saxe où sa fabrication fut développée) est même brun foncé, quelquefois jusqu'à paraître noir.

55. Hydratation. Aréomètres. — L'acide sulfurique est très avide d'eau. Nous avons déjà eu occasion, en préparant de l'eau acidulée pour obtenir de l'hydrogène (§ 26), de constater qu'il se dégageait de la chaleur lorsqu'on le mélangeait à l'eau.

Il est essentiel de toujours verser l'acide dans l'eau. Jamais l'opération contraire ne doit être pratiquée. On verrait se produire des projections d'acide qui pourraient être dangereuses.

Ce corps doit, d'une manière générale, être manipulé avec précaution. Il est corrosif; la peau est corrodée douloureusement dans les parties sensibles, comme le visage ou le dessus des mains, par l'acide non étendu.

Nous avons dit, dans le même paragraphe, comment on combattait ses brûlures sur la peau ou les étoffes.

Pour se rendre compte commercialement de la valeur d'un acide sulfurique, d'autant plus grande qu'il contient moins d'eau, on se sert des *aréomètres Baumé.*

Les élèves verront des aréomètres, dits *pèse-acide,* plongés dans l'eau, où ils s'arrêtent au degré 0: dans l'acide commercial au maximum de concentration, où ils affleurent à la division 66; et, si l'on veut, dans des acides intermédiaires.

54. Acidité. — Pour vérifier que l'acide sulfurique est un acide des plus énergiques, on remarquera combien est petite la quantité nécessaire pour faire passer au rouge clair et vermeil, dit *rouge pelure d'oignon,* la teinture de tournesol contenue dans un verre. Une goutte d'acide sulfurique très étendu suffit pour provoquer le *virage.*

Fig. 30.
Aréomètre
Baumé.

Il attaque les métaux, qui remplacent son hydrogène, avec intensité. Exemple : la préparation de l'hydrogène au § 26.

On pourra répéter l'opération sur un simple clou de fer, traité, dans un tube à essai, par un peu d'acide étendu d'eau. L'hydrogène pourra être enflammé à l'orifice.

Certains métaux ne sont attaqués qu'à chaud. Dans ce cas, on n'a plus d'hydrogène, mais du gaz sulfureux. Exemple : préparation de l'anhydride sulfureux, § 48.

On pourra répéter l'expérience avec un fragment de cuivre, fil ou tournure, traité, dans un tube à essai, par un peu d'acide concentré, et chauffé. On sentira l'odeur caractéristique du gaz sulfureux.

Au cours de ces expériences, on constatera que la première opération ne s'effectue pas avec de l'acide concentré, non plus que la seconde avec de l'acide étendu.

55. Action sur les matières organiques. — Si on traite, dans un tube à essai, un petit morceau de sucre par de l'acide sulfurique concentré, celui-ci absorbe l'eau formée aux dépens de l'oxygène et de l'hydrogène du sucre et met en liberté du charbon. La matière noircit. Elle se *carbonise*.

Le bois, le papier, l'amidon, les étoffes pourraient servir à la même expérience. Elle est plus ou moins longue suivant les corps. En chauffant légèrement on peut l'activer:

Si on chauffait beaucoup, ce charbon pourrait réduire l'acide sulfurique à l'état de gaz sulfureux, reconnaissable à son odeur.

56. Acidimétrie. — Nous allons mesurer ici avec une précision que l'aréomètre ne peut généralement pas nous donner, la quantité d'*acide sulfurique vrai* contenu dans un mélange d'acide et d'eau.

Si des matières étrangères, sans action sur le tournesol, se trouvaient par aventure dissoutes dans le liquide étudié, elles ne modifieraient pas le résultat acidimétrique, tandis qu'elles pourraient vicier la mesure à l'aréomètre en changeant la densité de la solution.

Prenons la solution de soude, dite *normale*, c'est-à-dire contenant 40 grammes de soude par litre, supposée préparée et dûment vérifiée à l'avance.

Nous savons que 40 grammes de soude correspondent à 49 grammes d'acide sulfurique, c'est-à-dire que la réunion de ces deux quantités respectives dans une même dissolution fournit un liquide sans action sur le tournesol, qu'il soit bleu ou rougi.

La liqueur acide à étudier est placée dans un petit vase de verre facile à agiter. On y ajoute juste assez de tournesol pour voir avec netteté la teinte rouge. Pour faciliter cette appréciation, le vase est posé sur une feuille de papier blanc.

On dispose alors une *burette graduée* : c'est un long tube de verre, parfaitement cylindrique, divisé en centimètres cubes : ceux-ci sont subdivisés en fractions variables avec les appareils, suivant le degré de précision que l'on désire atteindre ; le plus souvent en dixièmes.

L'extrémité inférieure porte un robinet de verre, puis se termine en pointe effilée. Le tube est maintenu vertical à l'aide de la pince du support universel ; il est serré entre les mâchoires de celle-ci, des morceaux de caoutchouc ou de liège permettant, par leur interposition entre le métal et le verre, de serrer la pince sans briser la burette.

S'il y a deux pinces au support, comme dans la figure, le système est plus stable.

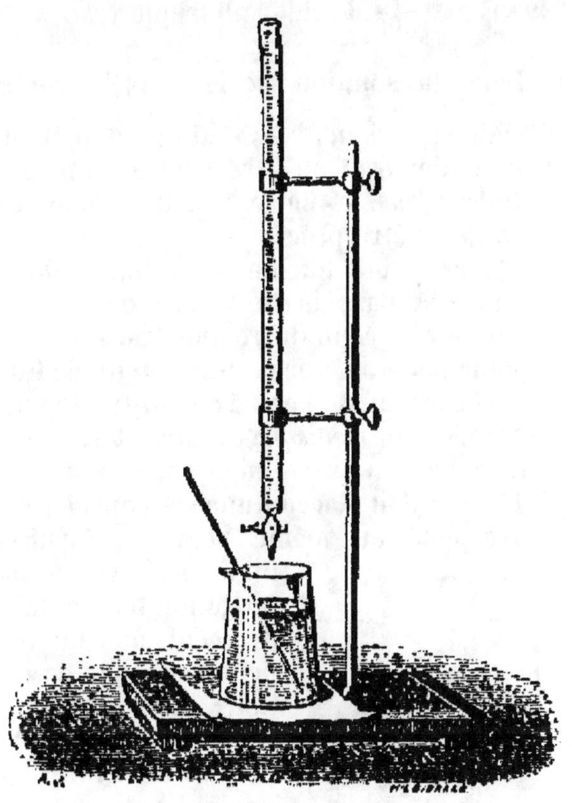

Fig. 57. — Burette graduée.

On remplit la burette avec la solution normale de soude. On en fait écouler quelques gouttes afin de s'arrêter à une division dûment connue, et de garnir la pointe, sous le robinet, de la quantité de liquide qu'elle doit retenir.

On apporte alors le petit vase sur son papier blanc, sous la pointe ; et on fait écouler la liqueur normale de soude avec précaution en agitant de temps à autre avec une baguette de verre *qui ne doit pas sortir du liquide* pendant toute la durée de l'opération.

Sitôt qu'un point de la surface supérieure tend à bleuir, on redouble de soin. La liqueur ne tombe plus que goutte à goutte, et on agite constamment. Le changement de teinte étant complet, il ne faut pas ajouter une goutte de plus.

Soit N le nombre de centimètres cubes de liqueur de soude nécessaires.

Ils contiennent $40\ \text{gr.} \times \dfrac{N}{1000}$ de soude vraie, neutralisant $49\ \text{gr.} \times \dfrac{N}{1000}$ d'acide sulfurique vrai.

Donc la solution acide étudiée contenait $\dfrac{49 \times N}{1000}$ grammes d'acide sulfurique. — Et, si on connait son volume, on déduit ce que contiendrait un litre par une simple règle de trois.

Précautions. — Cette mesure demande du soin et de la pratique pour être précise.

1° Lorsqu'on tourne le robinet, de la main droite, il faut prendre la base de la burette dans la main gauche afin de bien maintenir le cône du robinet dans son alvéole. S'il en sortait, la liqueur pourrait s'échapper autour de lui.

2° Le niveau de l'eau dans un tube manque de netteté. Il prend la forme d'un *ménisque concave* et l'on se demande tout d'abord à quelle division exactement correspond ce niveau.

Chacun doit s'accoutumer à considérer toujours la division qui correspond au même point du ménisque, à la même barre lumineuse. On prendra, de préférence, la tangente horizontale à la partie inférieure du ménisque. En maintenant en arrière un petit rectangle de carton mi-partie blanc et noir, dont la ligne de séparation sert de repère fixe, on facilite cette détermination.

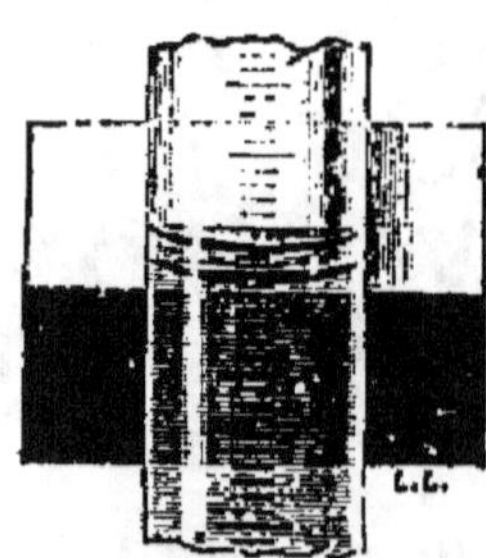

Fig. 38. — Papier derrière un tube.

3° Si la burette n'est pas assez grande et ne contient pas assez de liqueur pour parachever la neutralisation, il faut se garder de dépasser la division inférieure et d'amener le niveau dans la région qui n'est plus graduée. Car on ne pourrait plus évaluer les volumes versés. Il faut s'arrêter au-dessus, en tel point que l'on voudra pourvu qu'il soit bien déterminé; noter le volume ainsi versé; garnir la burette d'une nouvelle provision de liqueur titrée, et achever la neutralisation en notant avec exactitude les nouveaux points de départ et d'arrivée.

Il n'y a plus qu'à faire la somme des deux quantités versées.

4° Si, ayant eu la main trop lourde, on avait dépassé le point de virage et ajouté une quantité trop grande de liqueur de soude, on pourrait rétablir la mesure exacte de la manière suivante :

On prépare d'avance une liqueur normale acide, c'est-à-dire

correspondant exactement à la liqueur normale basique. Elle contient par conséquent 49 grammes d'acide sulfurique pur par litre.

Elle est contenue dans une autre burette. On en verse avec soin quelques gouttes jusqu'à ramener le tournesol au rouge. Mais cette fois, il est facile de régler l'opération pour ne pas dépasser le point précis. Pour corriger le résultat, il suffit de retrancher la quantité de solution acide normale qu'il a fallu verser de celle de solution de soude qu'on avait primitivement employée.

5° L'opération terminée, il faut vider la burette et la laver en la remplissant d'eau distillée qu'on fait ensuite couler. Jamais une burette ne doit être rangée sans que cette précaution soit prise.

Le robinet est laissé ouvert. L'appareil s'égoutte et se sèche. Si on s'en sert avant que cette dessiccation soit terminée, il faut la rincer préalablement avec un peu de la liqueur titrée, que l'on rejettera, avant de la remplir définitivement : cela afin que l'eau restant adhérente ne modifie pas le titre de la liqueur.

57. Alcalimétrie. — Il va de soi qu'en prenant pour point de départ une liqueur normale acide, on pourrait mesurer la quantité de *base active* contenue dans une dissolution alcaline. Les principes et les détails de méthode restent les mêmes que dans le cas précédent.

58. Séparation du sulfate de soude. — Que la neutralisation ait été faite dans l'un ou l'autre sens, la liqueur neutre obtenue sera versée dans une capsule de porcelaine et portée à l'ébullition. On maintiendra celle-ci, sans violence, jusqu'à ce que le liquide soit réduit au quart. On pourra alors jeter sur un filtre et recueillir dans un vase en verre le résultat du travail de tous les groupes. Ils pourront, ultérieurement, voir les cristaux du *sulfate neutre de sodium* qu'ils auront préparé.

Remarque. — Pour réaliser cette opération avec commodité, il vaut mieux prendre des liqueurs plus concentrées que les liqueurs normales; par exemple en multipliant les doses par 3 ou 4. On pourra alors pousser la concentration par ébullition moins loin, à la moitié seulement du liquide. Et chaque groupe pourra faire cristalliser la dissolution qu'il aura préparée.

La séparation du sel sera plus facile en remplaçant la molécule de soude par une molécule de potasse.

Les élèves ont déjà vu les *deux sulfates de sodium* lors de la préparation de l'acide chlorhydrique, le *sulfate de baryum* précipité lors de l'étude de l'acide sulfureux, le *sulfate de zinc*, lors de la préparation de l'hydrogène.

Ce dernier porte le nom de *vitriol blanc* ou *couperose blanche*.

Ils verront cette fois le *sulfate ferreux* (*vitriol vert* ou *couperose verte*) et le *sulfate de cuivre* (*vitriol bleu* ou *couperose bleue*).

HYDROGÈNE SULFURÉ.

59. Hydrogène sulfuré. — Précipitations. — La préparation de l'hydrogène sulfuré étant non seulement pénible, à cause de l'odeur fétide du gaz, mais encore malsaine, on pourra s'en tenir à quelques précipitations, lesquelles constituent l'application la plus caractéristique de ce corps, et à l'étude du seul principe de cette préparation.

Les élèves recevront un petit flacon bien bouché contenant une solution fraîche d'hydrogène sulfuré; puis des tubes à essai renfermant chacun quelques centimètres cubes d'une des solutions salines suivantes, par exemple :

Azotate d'argent qui donnera un précipité noir.

Azotate de plomb,   —   —   noir.

Azotate de bismuth,   —   —   brun noir.

Chlorure mercurique,   —   —   blanc (noircissant par un excès).

Chlorure stannique,   —   —   jaune terne.

Chlorure d'antimoine,   —   —   orangé.

Azotate de cadmium,   —   —   jaune franc.

On commencera par traiter la solution par une goutte d'acide chlorhydrique qui permettra de distinguer les trois premiers en donnant :

Avec l'azotate d'argent, un précipité blanc soluble dans l'ammoniaque;

Avec l'azotate de plomb, un précipité blanc insoluble dans l'ammoniaque;

Avec l'azotate de bismuth, pas de précipité.

L'acide chlorhydrique ne donnera d'ailleurs pas de précipité avec les autres sels indiqués.

Il suffira d'ajouter une ou deux gouttes d'acide pour savoir s'il y a précipitation. — S'il n'y a pas de précipité, on versera la solution d'hydrogène sulfuré dans la même liqueur.

S'il y en a, on constatera la solubilité ou non-solubilité dans l'ammoniaque : et on sera ainsi complètement renseigné.

Si cependant on désire voir le précipité de sulfure d'argent ou de sulfure de plomb, il faudra prendre un nouvel échantillon de solution, ce qui exige la conservation de la moitié de chaque liqueur primitive dont on dispose. C'est d'ailleurs une bonne précaution à prendre dans tous les cas que de réserver la moitié de chaque solution.

Après avoir constaté l'aspect des sulfures précipités, on pourra examiner celui des sulfures naturels correspondants, par exemple :

La *galène* ou sulfure de plomb naturel.

La *stibine*, sulfure d'antimoine.

Le *cinabre*, sulfure de mercure.

La *pyrite* ou bisulfure de fer naturel et le *sulfure de fer artificiel* qui sert à préparer l'hydrogène sulfuré.

La *blende* ou sulfure de zinc.

La *chalcopyrite* ou sulfure de cuivre.

Et aussi *l'or mussif*, sulfure stannique artificiel.

60. Principe de la préparation et réactif principal de l'hydrogène sulfuré. — Dans le petit ballon qui a servi à faire l'expérience du volcan de Lemery (§ 47), verser quelques gouttes d'acide sulfurique ou chlorhydrique sur le sulfure de fer produit. Constater qu'il se dégage un gaz d'odeur fétide, lequel noircit un papier-réactif imprégné d'une solution d'acétate de plomb, légèrement humecté d'eau.

CHAPITRE VI

SALPÊTRE. — ACIDE AZOTIQUE.

61. Cristallisation du salpêtre. — L'azotate de potassium naturel, ou salpêtre, peut nous fournir un bel exemple de cristallisation.

Sa solubilité varie de :

25 grammes de sel pour 100 grammes d'eau à la température ordinaire, à 250 grammes de sel pour 100 grammes d'eau à la température de 100°.

On fera donc une solution en mettant 80 grammes de salpêtre dans 100 grammes d'eau et en portant à l'ébullition dans une capsule de porcelaine. On filtrera et on recueillera dans un petit cristallisoir la solution claire et encore chaude.

Au bout de peu de temps, par suite du refroidissement, il se séparera de petites aiguilles cristallines dont on pourra suivre la formation, et qui deviendront, avec le temps, de beaux cristaux.

Avec une proportion plus forte de sel, on risquerait d'empâter la filtration : une partie du sel se séparerait dans le filtre même en raison du refroidissement produit à son contact. D'ailleurs, une cristallisation trop rapide ne pourrait pas être observée avec la même netteté.

Si la proportion était au contraire moins forte, on ne pourrait pas compter la voir s'effectuer au cours d'une manipulation.

En tout cas, il est opportun de faire cette opération au début d'une séance.

On aura occasion de voir du *salpêtre du Chili*, ou nitrate de sodium naturel, grisâtre, et de l'*azotate de sodium* purifié, parfaitement blanc.

62. Déflagration du salpêtre. — On fait chauffer un morceau de charbon de bois dans la flamme du brûleur.

Lorsqu'il présente une partie bien rouge, on saupoudre cette surface avec un peu de salpêtre fin. La combustion s'accélère.

Le sel déflagre : il fond, se décompose en fournissant de l'oxygène qui active la combustion.

63. Acide azotique. — Aspects divers. — L'*acide fumant*, ou concentré, est incolore s'il est assez pur. Il donne, à l'air humide, des vapeurs blanches quand on débouche le flacon.

L'*acide ordinaire fumant* est coloré en rouge par des *vapeurs nitreuses*.

En conséquence, les fumées qui remplissent le flacon au-dessus du liquide ou qui se dégagent du goulot lorsqu'on débouche sont également rougeâtres.

L'*acide commercial*, improprement appelé acide quadri-hydraté, ne dégage pas de vapeurs. Il est incolore s'il est pur, légèrement jaunâtre lorsqu'il est ordinaire.

Ces acides doivent être maniés avec précautions. Ils sont corrosifs, surtout l'acide fumant, et ils attaquent énergiquement les matières organiques.

La peau est colorée en jaune par leur contact qui peut être douloureux : d'autant plus, évidemment, que l'acide est plus concentré et la région d'épiderme atteinte plus délicate.

Sur les étoffes ils donnent des tâches jaunes que les alcalis n'enlèvent guère, parce que la substance même de l'étoffe est détruite. Une application d'*ammoniaque*, ou de *carbonate de soude*, en solution, sur la partie atteinte n'aura d'efficacité qu'autant que la tache d'acide sera très récente : elle ne pourra que neutraliser l'acide qui n'a pas encore eu le temps d'agir.

64. Acidité. — Action sur les métaux. — C'est un acide énergique, qui rougit violemment le tournesol. On opérera comme pour l'acide sulfurique afin de le démontrer.

Il attaque vivement les métaux en donnant des *azotates*, ou un *oxyde* lorsque l'azotate du métal n'existe pas à la température de la réaction. Il ne se produit pas d'hydrogène, mais des *vapeurs nitreuses rouges* que l'on peut considérer comme le résultat de l'action de l'hydrogène sur l'acide azotique.

On pourra attaquer :

Le *cuivre*, par de l'acide assez concentré. S'il est étendu, l'action ne sera pas immédiate. Le liquide se colore en bleu verdâtre parce qu'il dissout l'*azotate de cuivre* formé (§ 60).

Le *fer* par l'acide commercial. L'acide fumant ne l'attaque pas (fer passif, 2ᵉ partie, § 4).

L'*étain*, n'est pas non plus attaqué par l'acide fumant. Mais un peu d'eau, étendant celui-ci, provoque une attaque immédiate et violente. L'acide commercial l'aurait attaqué de suite.

On devra réaliser toutes ces expériences dans des tubes à essai à l'aide d'un petit fragment de métal et de quelques gouttes d'acide seulement. On videra et lavera à grande eau sitôt le phénomène constaté; car les vapeurs sont pénibles à respirer et fort malsaines.

65. Action sur les matières organiques. — Outre l'action énoncée plus haut sur la peau ou les vêtements, nous pouvons constater que l'acide azotique donne à la soie ou à la laine blanches une belle teinte jaune : il est nécessaire d'en retirer les fibres sitôt qu'ils ont pris la teinte dorée et de les rincer longuement si l'on ne veut pas que l'attaque, en se prolongeant, ne détériore la substance.

Il décolore la teinture bleue d'indigo, en ne lui laissant qu'une légère teinte jaunâtre.

66. Propriétés oxydantes. — Nous avons vu le salpêtre abandonner l'oxygène qu'il contient pour le donner au charbon enflammé en activant sa combustion.

De même l'acide azotique peut céder de l'oxygène à un corps susceptible de fixer ce métalloïde.

Dans un tube à essai, versons un peu de la solution d'acide sulfureux additionnée de chlorure de baryum dont il a été parlé au § 51. Filtrons-la au moment même de nous en servir, afin qu'elle soit limpide et bien exempte d'acide sulfurique et de sulfate de baryum.

Quelques gouttes d'acide azotique produisent un trouble immédiat. Il agit comme oxydant, transforme l'acide sulfureux en acide sulfurique, lequel est précipité à l'état de sulfate de baryum.

67. Préparation. — Dans un tube à essai, nous mettons deux ou trois grammes d'azotate de sodium ou de potassium avec un peu d'acide sulfurique. Il ne se produit rien à froid, mais, si on chauffe un peu, l'attaque commence de suite. Il se forme de l'acide azotique dont on montre nettement la présence en ajoutant un fragment de tournure de cuivre : avant de chauffer, celui-ci n'est pas attaqué. Sitôt que l'on chauffe, il se dégage des vapeurs nitreuses dont on perçoit la couleur rouge et la liqueur verdit, absolument comme lorsqu'on attaqua le cuivre par l'acide azotique. La formation de ce dernier corps est donc manifeste.

C'est d'ailleurs ce procédé que l'on emploie pour montrer qu'un sel est un azotate, lorsqu'il n'est pas en solution étendue.

68. Eau régale. — L'acide azotique, même concentré, n'attaque pas l'or.

On met un peu d'acide dans un verre. A l'aide d'un agitateur on prend une feuille d'or dans un de ces petits livrets employés par les doreurs. Il faut avoir soin de ne pas toucher avec les doigts cette pellicule infiniment mince de métal : on ne pourrait plus l'en détacher. On pose simplement la baguette de verre sur la page dorée et on tourne l'agitateur sur lui-même : l'or y adhère. On plonge le tout dans l'acide azotique et on agite. On ne constate aucune dissolution.

Dans un second verre, on verse de l'acide chlorhydrique et on ajoute une feuille d'or, suivant les mêmes procédés. Il n'y a pas plus de dissolution que dans le cas précédent. L'acide chlorhydrique seul est sans action sur l'or.

Alors on réunit les deux liqueurs dans le même verre. On agite ; tout l'or disparaît peu à peu. Ce mélange est l'*eau régale*.

Si on a pris des acides purs et incolores, ils prennent une teinte jaune, due au *chlorure d'or* qui se forme et aussi à quelques vapeurs nitreuses, autre conséquence de la réaction.

OXYDES DE L'AZOTE.

69. Préparation du nitrosyle. — On remontera l'appareil qui a servi à la préparation de l'hydrogène ; un col droit de 500 centimètres cubes, un bouchon à deux trous, un tube à entonnoir et un tube à dégagement.

Au fond du col droit on placera quelques tortillons de tournure de cuivre et un peu d'eau, deux à trois centimètres. On versera l'acide azotique par petites portions sans s'impatienter.

Les premières bulles qui se dégagent fixent

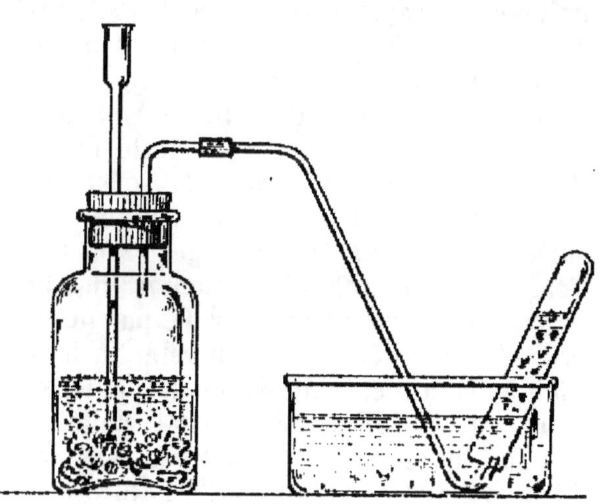

Fig. 39. — Préparation du nitrosyle.

l'oxygène de l'air. Le nitrosyle se transforme en peroxyde d'azote. Mais celui-ci est absorbable par l'eau ; celle qui entre dans le tube abducteur, et surtout celle qui baigne le cuivre, absorbant les vapeurs rouges qui remplissent le flacon, non seulement il n'y a pas de dégagement gazeux, mais il se produit bien plutôt une dépression intérieure, démontrée par une courte ascension du liquide du cristallisoir dans le tube de dégagement.

Lorsque les vapeurs rouges ont complètement disparu, cela indique que l'oxygène est entièrement absorbé, mais non pas que l'azote atmosphérique est chassé. Il faudra laisser se dégager quelques instants le nitrosyle afin de purger le récipient de cette impureté.

On pourra alors recueillir des éprouvettes de nitrosyle : il n'est pas pur, car la réaction fournit, en même temps que ce gaz, d'autres composés oxygénés de l'azote. Il est plus pur si on ne laisse pas la température s'élever par suite d'une grande activité de la réaction.

C'est pourquoi il faut ajouter l'acide avec circonspection. Il n'est même pas mauvais, si le gaz doit être employé à des expériences ultérieures pour lesquelles il est préférable qu'il soit de quelque pureté, de plonger le col droit générateur dans un bain d'eau froide.

On verra, à ce propos, les cristaux bleus *d'azotate de cuivre*.

70. Expériences sur le nitrosyle. — *a*) La propriété la plus remarquable que nous ayons à étudier est la transformation spontanée du nitrosyle en peroxyde d'azote au contact de l'oxygène de l'air. Ces vapeurs rouges sont d'ailleurs absorbables par l'eau. Au cours de la préparation, nous avons déjà eu occasion de constater ces phénomènes.

Pour les mettre nettement en évidence il suffit de remplir une éprouvette à gaz avec le nitrosyle fourni par l'appareil précédent. On la soulève hors de la soucoupe sur laquelle elle était conservée. Une partie du nitrosyle incolore est remplacée par une nuée de peroxyde d'azote rouge. Si on la repose sur la soucoupe, l'eau absorbera celui-ci et montera dans l'éprouvette. .

b) Le nitrosyle est absorbable par une solution de *sulfate ferreux*. Pour le démontrer, on remplit de ce gaz un tube à essai de 25 à 30 centimètres de longueur, puis, sans sortir l'ouverture de l'eau, on y introduit un cristal de sulfate ferreux : on ferme avec le pouce et on secoue vigoureusement pour faire voyager l'eau et le sulfate ferreux d'un bout à l'autre du tube.

On constate que la liqueur intérieure devient brune, presque noire, et que, si on soulève le pouce sous l'eau, du liquide rentre dans le tube, par suite de l'absorption d'une partie du gaz par le sulfate ferreux.

On recommence l'agitation jusqu'à ce qu'il n'y ait plus d'absorption. Le résidu gazeux permet d'évaluer la pureté du nitrosyle préparé.

c) Un peu de ce liquide brun versé dans un tube à essai ordinaire, et chauffé, se décolore par suite du départ du nitrosyle : il se transforme à sa sortie en vapeurs rouges de peroxyde d'azote ou *azotyle*.

d) On recueillera en outre un tube à essai ou une petite éprouvette de nitrosyle pour l'expérience suivante (§ 72).

71. Protoxyde d'azote. — Préparation. — Dans un tube à essai mettre 5 ou 6 grammes d'azotate d'ammonium desséché. Le maintenir dans la pince du support et chauffer avec beaucoup de précautions.

Le tube à essai est fermé par un bouchon portant un tube abducteur. Après quelques instants de dégagement, pendant lesquels l'air contenu dans l'appareil pourra être chassé, on recueillera le gaz produit dans des tubes à essai ou de petites éprouvettes. Pour s'assurer de la pureté du gaz, on plongera dans la première éprouvette une allumette présentant encore un point en ignition, laquelle se rallumera comme dans l'oxygène, si l'air est convenablement expurgé de l'appareil.

Cette préparation demande à être menée avec un grand soin ; la chauffe doit être surveillée constamment, ralentie sitôt que le dégagement devient rapide, activée avec modération sitôt qu'il s'arrête : la décomposition de l'azotate d'ammoniaque deviendrait facilement tumultueuse et dangereuse si on chauffait trop brusquement.

72. Propriété du protoxyde d'azote. — Nous avons vu qu'il rallume une allumette comme l'oxygène. On pourrait y faire brûler du soufre et du charbon dans des cols droits d'un litre remplis et utilisés comme on l'a décrit pour l'oxygène. Dans ce cas, on doit employer 5 grammes de sel bien sec pour avoir un litre de gaz, et nous conseillerons le petit ballon de préférence au tube à essai. De plus, le charbon de cornue brûle mal dans ce gaz ; le fusain s'impose.

Pour distinguer le protoxyde d'azote de l'oxygène, on remplit incomplètement un tube ou une éprouvette de ce gaz. Une autre est de même garnie d'oxygène ou d'air et tenue sur la même cuve à eau ; on y apporte également l'éprouvette de nitrosyle réservée et on en fait passer quelques bulles dans l'éprouvette de protoxyde d'azote, où elles sont sans effet, et dans celle d'air ou d'oxygène où elles donnent des vapeurs rouges de peroxyde d'azote, absorbables par l'eau.

73. Sur le peroxyde d'azote. — Dans un tube à essai en verre vert mettre un peu d'azotate de plomb desséché. Chauffer. Il se dégage du peroxyde d'azote, en épaisses vapeurs rouges, accompagnées d'oxygène dont on peut déceler la présence en y rallumant une allumette qui présente encore un point incandescent.

Les élèves auront occasion de voir *l'azotate de cuivre*, en cristaux bleus, déliquescents, *l'azotate d'ammonium* cristallisé et le même sel déshydraté, *l'azotate de plomb*, cristallisé et le même sel desséché.

Enfin des tubes scellés à la lampe contenant du *peroxyde d'azote* liquéfié.

AMMONIAQUE.

74. Ammoniaque. — Préparation. — Reprenons l'appareil qui a servi à faire la solution d'acide chlorhydrique et celle de gaz sulfureux. Il va nous servir à préparer une dissolution de gaz ammoniac.

Dans le ballon générateur, on peut mettre, suivant la formule classique, un mélange à poids égaux de *chlorure d'ammonium* ou *sel ammoniac* et de *chaux vive*, ou un mélange de *sulfate d'ammonium* avec trois fois au moins son poids de chaux vive. (L'examen des poids moléculaires montre que ces proportions correspondent à un excès de chaux vive.)

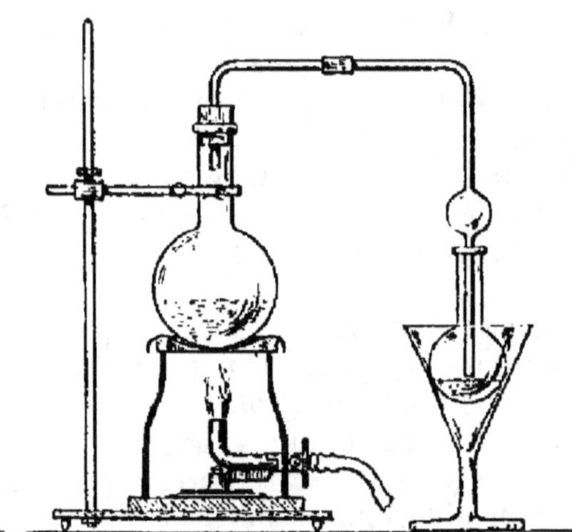

Fig. 40. — Préparation de l'ammoniaque.

Le mélange doit être intime et finement pulvérisé, la chauffe modérée. Le risque de rupture, lorsqu'on chauffe des matières solides, est en effet très grand.

Il reste, l'opération terminée, du chlorure ou du sulfate de calcium suivant les cas. Mais ce résidu n'a pas d'aspect caractéristique : il est mélangé d'une trop grande quantité de chaux.

Il nous semble préférable, au lieu d'opérer sur les matières sèches, d'ajouter une très petite quantité d'eau. Dans ces conditions, cette préparation est moins dangereuse pour les ballons de verre ; de plus elle est mieux l'image de la préparation industrielle. Mais il faut remplacer la chaux vive par un peu plus de chaux éteinte.

On chauffera très modérément : la réaction est facile et tend à produire une mousse abondante. Les précautions à prendre pour éviter l'absorption sont toujours les mêmes, le gaz ammoniac étant extraordinairement soluble. Toutefois, si l'eau pénétrait dans le ballon, cela pourrait troubler l'opération, mais ne causerait aucun accident. On mettra peu d'eau dans le petit ballon et on la verra augmenter de volume en dissolvant le gaz ammoniac. Ne pas la laisser s'échauffer. Refroidir le petit ballon avec de l'eau et ne pas pousser l'expérience au-delà de quelques minutes.

75. Alcalinité. — Action sur les acides en général et l'acide chlorhydrique en particulier. — La solution ammoniacale ramène au bleu la teinture de tournesol rougie par un acide, à la façon de la soude. Elle fournirait, avec les sels métalliques, à peu près les mêmes précipités.

Elle neutralise l'action des acides sur les différents réactifs colorés. Nous l'avons employée pour enlever les taches rouges faites par l'acide sulfurique sur les étoffes, nous l'avons employée pour verdir les violettes.

En rapprochant les verres ou les tubes contenant l'ammoniaque et l'acide chlorhydrique, nous voyons se former des fumées de sel ammoniac, entre les ouvertures des deux récipients.

Celui-ci se présente sous différents états dont on pourra se rendre compte : un sel blanc pulvérulent qui ne conserve guère l'aspect cristallin ; des blocs fibreux employés par les plombiers pour décaper les fers à souder ; de gros pains en forme de calotte sphérique, ainsi que se présente le sel ammoniac sublimé venant d'Égypte.

A cette occasion on pourra examiner les autres sels ammoniacaux usuels : *sulfate, azotate, phosphate, carbonate d'ammonium*.

76. Sublimation du sel ammoniac. — Mettre un ou deux grammes de sel ammoniac au fond d'un tube à essai. Chauffer en agitant pour éviter la rupture du tube. Le chlorure d'ammonium se volatilise et se condense immédiatement en couche blanche sur les parois restées froides, d'où on peut d'ailleurs le chasser en y transportant la flamme.

77. Réactions générales des sels ammoniacaux. — Dans un tube à essai mettre un sel ammoniacal quelconque, soit à l'état de fragment solide, soit à l'état de solution. Chauffer avec quelques gouttes d'une solution concentrée de potasse. Observer qu'il se dégage toujours de l'ammoniaque reconnaissable :

A son odeur forte particulière.

A ce qu'un papier réactif, imprégné de tournesol rouge, et présenté à l'ouverture du tube après avoir été humecté d'eau distillée, bleuit immédiatement et fortement.

A ce qu'une baguette de verre, imprégnée d'acide chlorhydrique, et approchée de l'ouverture, émet des fumées blanches de sel ammoniac.

78. Action de l'eau de chlore. — Le chlore, agissant sur l'ammoniaque, donne du sel ammoniac et de l'azote.

La réaction, entre les gaz, peut être dangereuse; il se produit accessoirement du *chlorure d'azote*, explosif violent.

Mais, entre les solutions de ces gaz dans l'eau, elle est inoffensive.

On prend un tube d'environ un mètre de long, un peu fort : un porte-plume ordinaire doit y pénétrer facilement. On le ferme à la lampe par un bout.

On le remplit alors avec de l'eau de chlore bien fraîche, sauf une faible partie de sa longueur : 1/20 par exemple. On parachève le remplissage avec une dissolution ammoniacale et on ferme avec le pouce en tenant le tube à la main près de l'extrémité ouverte,

On le renverse alors, le fond en haut et on plonge la main et l'extrémité du tube dans un grand verre plein d'eau.

Fig. 41. — Action de la solution ammoniacale sur l'eau de chlore.

Avec précaution on lève le pouce pour laisser la pression normale se rétablir. Puis on rebouche et on renverse à nouveau le tube pour mélanger les liquides contenus en faisant voyager de bout en bout le gaz qui s'est dégagé.

Enfin le tube est abandonné, renversé sur le verre d'eau. Les bulles gazeuses se réunissent. Il s'est formé une longue colonne gazeuse au-dessus du liquide, constituée par de l'azote pur,

Si on amène ce gaz près de l'ouverture en prenant le tube retourné, on peut y éteindre une allumette enflammée. D'ailleurs, ce gaz ne trouble pas l'eau de chaux. Ce sont les caractères utilisés d'ordinaire pour démontrer la présence de l'azote.

PHOSPHORE.

79. Phosphore. Phosphates. — Les élèves verront des échantillons de *phosphore blanc* en morceaux *conservés dans l'eau.*

Du *phosphore rouge*.

De l'*apatite* et du *phosphate de calcium naturel*.

De l'*anhydride phosphorique*.

Ceux des différents *acides phosphoriques* et des divers *phosphates* que l'on pourra mettre à leur disposition.

De la *gélatine*.

80. Précipitations. — 1° Une solution de phosphate de sodium, traitée dans un tube à essai un peu grand par quelques gouttes d'azotate d'argent, donne un précipité jaune caractéristique de *phosphate tri-argentique*.

2° Ce précipité est soluble dans l'ammoniaque ou l'acide azotique. Nous y verserons de l'acide azotique jusqu'à dissolution complète et plutôt en excès.

3° Nous précipiterons à nouveau en jaune, par addition de *molybdate d'ammoniaque*, et nous rassemblerons le précipité par une légère ébullition.

4° On peut répéter la même série de réactions en remplaçant l'azotate d'argent par le réactif *ammoniaco-magnésien*.

Une solution contenant : chlorure de magnésium, chlorure d'ammonium, ammoniaque, donnera un précipité blanc de *phosphate ammoniaco-magnésien*. Celui-ci peut être dissous dans l'acide azotique et fournir, avec le molybdate d'ammoniaque, le précipité jaune indiqué ci-dessus.

5° Le chlorure de baryum en solution donne, avec la solution primitive, un précipité de phosphate de baryum, soluble dans l'acide chlorhydrique.

81. Préparation des liqueurs employées. — La solution de phosphate de sodium peut être à 10 pour 100.

Le réactif magnésien se fera sans précision. Toutefois, il doit être nettement alcalin. Un excès d'ammoniaque est nécessaire.

Le molybdate d'ammoniaque est plus délicat. On le prépare de la manière suivante :

Mettre 10 grammes d'*acide molybdique* dans 40 centimètres cubes d'ammoniaque. Laisser digérer, si possible, un jour ou deux. Préparer d'ailleurs de l'acide azotique étendu de son volume d'eau : 150 centimètres cubes en tout. Verser la première solution par petites portions dans la seconde en agitant constamment. Filtrer.

Ce réactif conserve mal ses propriétés. Il s'altère souvent en peu de jours.

CHAPITRE VII

CARBONE. — GAZ CARBONIQUE. — OXYDE ET SULFURE
DE CARBONE.

CARBONE.

82. Échantillons de charbons. — On montrera aux élèves des échantillons de *graphite* naturel et des creusets fabriqués avec cette substance.

Différentes espèces de *houilles*, grasses ou maigres. De l'*anthracite*, lourde et dure. Des *lignites* à l'aspect brillant, du *jais* ou *jayet*. Des empreintes de végétaux sur des fragments de houille.

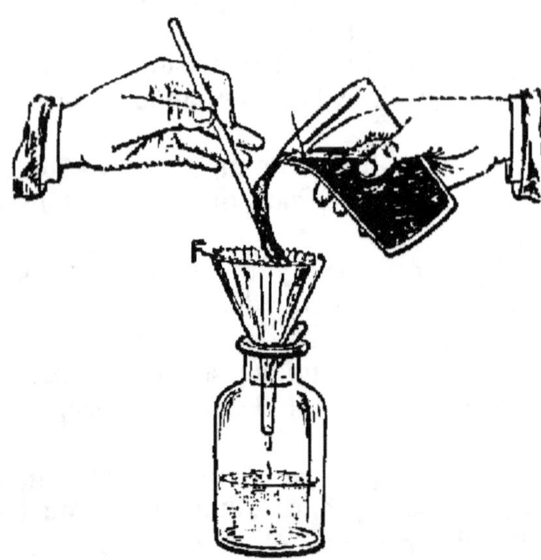

Fig. 42. — Décoloration par le noir animal.

Du *charbon de bois*, du *coke*, de la *tourbe*. Des *agglomérés* de différentes formes.

Du *charbon de cornues*, du *coke de pétrole*, des charbons pour piles ou pour lampes à arc.

Du *noir de fumée* et du *noir animal*.

83. Décoloration par le noir animal. — Du vin rouge ou de la teinture de tournesol sont placés dans un verre à expérience. On y jette 20 à 30 grammes de noir animal pulvérisé. On agite avec une baguette de verre pour obtenir un contact parfait. On jette sur un filtre. — Le liquide doit passer incolore.

84. Préparation du charbon de sucre. —Dans un petit creuset en terre mettons du sucre ordinaire. Chauffons sur un bon fourneau. La matière brunit, se transforme en caramel, dégage de la vapeur d'eau et des gaz combustibles, puis enfin se boursoufle, se carbonise, et laisse un résidu de charbon très brillant, très friable et très pur. C'est le *charbon de sucre*.

85. Réduction des oxydes par le charbon. — Broyer finement le charbon de sucre. Le mélanger avec de l'oxyde de cuivre noir également en poudre fine, en volumes à peu près égaux. Mettre le tout dans un tube à essai en verre vert, pris dans la pince du support. Fermer d'un bouchon portant un tube à dégagement se rendant dans l'eau de chaux. Chauffer : constater que le charbon est oxydé aux dépens de l'oxygène de l'oxyde de cuivre en donnant du gaz carbonique qui trouble l'eau de chaux.

86. Combustion du noir de fumée. — *Définition.* — On appelle *têt à rôtir* une capsule en terre réfractaire ayant la forme d'une calotte sphérique sans bec. On s'en sert pour chauffer, à l'air, un corps solide.

Dans un tout petit têt à rôtir, chauffer du noir de fumée pendant un quart d'heure, en remuant de temps à autre. Observer qu'il se volatilise des matières résineuses ou grasses. Quand ce dégagement est terminé, éteindre le feu et, avec un tube effilé, laisser tomber une ou deux gouttes d'acide azotique fumant, constater l'oxydation du charbon avec incandescence et l'abondant dégagement de vapeurs nitreuses.

GAZ CARBONIQUE.

87. Préparation du gaz carbonique. — Les carbonates de calcium naturels, ainsi que les carbonates de sodium, seront vus lors de l'étude de ces corps, aux § 113, 115.

Pour préparer le gaz carbonique, le marbre en petits morceaux est préférable à la craie parce qu'il ne mousse pas. D'autre part, l'acide chlorhydrique est avantageux parce que le chlorure de calcium qui se forme est très soluble et ne vient pas empâter la réaction.

D'ailleurs, en principe, un acide sur un carbonate donne toujours du gaz carbonique.

L'appareil sera le col droit déjà employé pour préparer l'hydrogène. On y met quelques fragments de marbre blanc avec assez d'eau pour les couvrir. On verse alors l'acide avec beaucoup de ménagements, par petites portions, pour éviter un dégagement rapide et tumultueux : il ne faut pas oublier que l'appareil n'est suivi d'aucun flacon laveur et qu'on pourrait craindre que du gaz chlorhydrique passe avec le gaz carbonique.

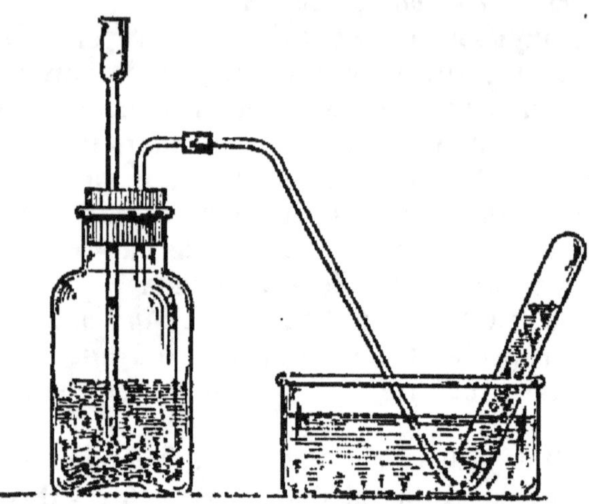

Fig. 43. — Préparation du gaz carbonique.

On en recueillera deux éprouvettes sur l'eau, quoique le gaz y soit un peu soluble.

88. Définition. — On appelle *têt à gaz* un petit support de terre cuite sur lequel on pose l'ouverture des éprouvettes ou le goulot des récipients qui doivent être remplis de gaz.

Ce procédé évite de les tenir avec la main. Toutefois, il ne faut pas pour cela cesser de les surveiller, car leur équilibre est instable. Lorsque le gaz achève de remplacer l'eau qui les remplissait, il leur arrive souvent de culbuter.

Le têt à gaz est une calotte de terre portant un trou central et une

Fig. 44. — Têt à gaz.

fente allant du bord à mi-distance de ce trou. On le pose sur le fond du cristallisoir : le tube à dégagement s'enfonce sous le têt par la fente latérale, tandis que l'extrémité se relève et en sort par le trou supérieur.

89. Action sur l'eau de chaux. — Le tube à dégagement est envoyé dans l'eau de chaux contenue dans un verre. Celle-ci se trouble rapidement. Il se produit un précipité blanc de carbonate neutre de calcium. Cette réaction est caractéristique du gaz carbonique.

Si on prolonge l'action on verra, au bout d'un temps un peu plus long, le trouble disparaître. Le précipité blanc s'est redissous à la faveur de l'excès de gaz carbonique. Il s'est formé du bicarbonate de calcium.

En effet, prenons cette liqueur. Chauffons-la dans un tube à essai. L'excès de gaz carbonique se dégagera et on verra reparaître le trouble blanc.

On peut d'ailleurs constater que ce précipité est soluble dans l'acide chlorhydrique.

Enfin, si on souffle, à l'aide d'un tube, dans l'eau de chaux contenue dans un verre, on verra apparaître le même trouble, indiquant que les poumons rejettent de l'air chargé de gaz carbonique.

90. Action sur la soude. — Dans un tube à essai rempli de gaz carbonique sur l'eau, introduire un fragment de soude caustique, boucher avec le pouce; l'ouverture du tube n'a pas dû sortir de l'eau. Agiter. Déboucher sous l'eau. Agiter de nouveau. On finira par absorber complètement le gaz, s'il est pur.

91. Action sur le tournesol. — Remplaçons, dans le dispositif précédent, l'eau de chaux par de la teinture bleue de tournesol. Celle-ci passe au rouge dit *vineux*, c'est-à-dire violacé. La liqueur reste opaque, très différente de ce qu'elle est sous l'action des acides forts : nous avons vu, en effet, que le rouge pelure d'oignon était non seulement beaucoup plus net comme teinte, mais encore que la liqueur devenait transparente.

Fig. 45. — Action du gaz carbonique sur les corps enflammés.

92. Action sur les corps enflammés. — Une éprouvette, susceptible de tenir en équilibre verticalement sur son fond, ou simplement tenue à la main dans cette position, reçoit un morceau de bougie ou de rat-de-cave allumé, maintenu à l'aide d'un support, en fil de fer ou de cuivre. Ce fil est recourbé aux deux extrémités. La pointe inférieure, qui se relève verticalement, portera la bougie. La courbure supérieure servira à suspendre le système au bord de l'éprouvette.

On versera alors, dans ce petit vase, comme on le ferait d'un liquide, le gaz contenu dans une des éprouvettes préparées à l'avance. Il se mélangera à l'air de celle qui contient la bougie, laquelle s'éteindra. Ce qui démontre que la densité du gaz carbonique est sensiblement supérieure à celle de l'air, et, en second lieu, qu'il ne permet pas aux combustions ordinaires de s'effectuer lorsqu'il se mêle à l'air en proportion suffisante.

93. Préparation dans les appareils à eau de Selz. — Dans un verre, mettre un peu d'acide tartrique granulé et un poids à peu près égal de bicarbonate de sodium, en poudre. Ajouter un peu d'eau. Observer la vive effervescence due au dégagement de gaz carbonique. Plonger dans le verre, au-dessus du liquide, une allumette, ou une bougie allumée : elle s'éteint immédiatement. Exposer au-dessus un autre verre renversé, lequel a été préalablement rincé avec de l'eau de chaux : constater qu'il se couvre d'un voile de carbonate de calcium.

94. Action sur la baryte. — A la suite de l'appareil de préparation, remplacer le tube abducteur par un tube à réduction contenant quelques morceaux de *baryte anhydre* (corps analogue à la chaux). Maintenir un dégagement modéré et régulier, et chauffer le tube sur toute la longueur, puis en se fixant en un point. Le gaz carbonique se combine à la baryte, en donnant du carbonate de baryum, avec une remarquable incandescence.

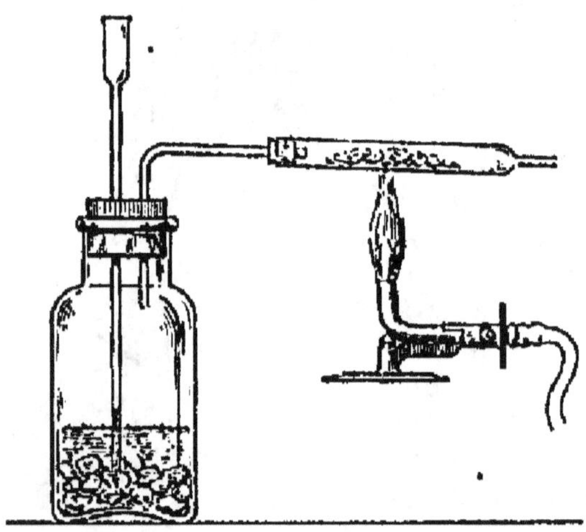

Fig. 46. — Combustion de la baryte, dans le gaz carbonique.

Ce résidu, traité, après refroidissement, dans un verre, par l'acide chlorhydrique, donnera le dégagement caractéristique de gaz carbonique.

95. Action sur les silicates dissous. — Nous avons dit qu'en général un carbonate était attaqué par un acide. Toutefois, exceptionnellement et dans des circonstances particulières, un sel peut être décomposé par le gaz carbonique pour fournir un carbonate.

A l'aide d'un tube à dégagement droit, envoyons le courant de gaz carbonique dans un verre contenant un peu de solution sirupeuse de *silicate de sodium*. On obtiendra un précipité de *silice gélatineuse*, dont il sera parlé au chapitre suivant (§ 99).

OXYDE DE CARBONE.

96. Préparation de l'oxyde de carbone. — Dans un tube à essai, mettre 3 grammes d'acide oxalique cristallisé ou, mieux encore, deux grammes d'acide oxalique déshydraté, c'est-à-dire d'acide que l'on a chauffé suffisamment pour lui enlever, à l'état de vapeur, l'eau à laquelle il s'était combiné pour cristalliser : toutefois on ne l'a pas chauffé assez pour le décomposer.

On ajoute deux ou trois centimètres cubes d'acide sulfurique concentré et on chauffe avec modération.

Sitôt que le dégagement gazeux se manifeste, on tente d'allumer l'oxyde de carbone formé en présentant l'ouverture du tube à la flamme du brûleur. On constate que ce gaz brûle avec une flamme bleue caractéristique.

Lorsque la combustion est en train on peut cesser de chauffer, la réaction s'entretient d'elle-même.

97. Autre préparation. Réduction de l'oxyde de cuivre. — Dans l'expérience précédente, l'oxyde de carbone préparé est mélangé de gaz carbonique : il serait facile de le montrer en fermant le tube à essai avec un bouchon portant un tube à dégagement qui se rendrait dans l'eau de chaux, laquelle se troublerait immédiatement.

Pour opérer une réduction d'oxyde métallique par l'oxyde de carbone, il est préférable d'avoir ce dernier plus pur. Nous aurons recours à une autre préparation.

Dans un ballon de 200 cm. cubes, versons 40 cm. cubes d'*acide formique* à 20° Baumé, et 50 cm. cubes d'acide sulfurique concentré. La réaction a lieu spontanément. Si elle tarde, on chauffera un peu pour l'amorcer. Il se dégage de l'oxyde de carbone.

On ferme le ballon avec un bouchon portant un tube à dégagement auquel on raccorde tout d'abord un simple tube coudé pour envoyer le gaz dans un verre d'eau de chaux : ce réactif doit rester limpide. Donc, le gaz dégagé ne contient aucune trace d'anhydride carbonique.

On enlève alors ce tube coudé et on le remplace par un tube à réduction contenant quelques paillettes d'oxyde de cuivre noir. Le col du ballon doit être maintenu dans la pince du support universel si on veut assurer son équilibre. On chauffe l'oxyde de cuivre. Il rougit en se transformant en cuivre métallique. Si on remet le tube coudé à l'extrémité effilée du tube à réduction afin de faire passer le dégagement gazeux dans l'eau de chaux, on verra celle-ci se troubler.

Pour éviter que l'oxyde de carbone ne se répande en grande quantité dans l'atmosphère, on dégagera, sitôt que possible, l'extrémité effilée du tube à réduction et on y allumera le gaz. Ici

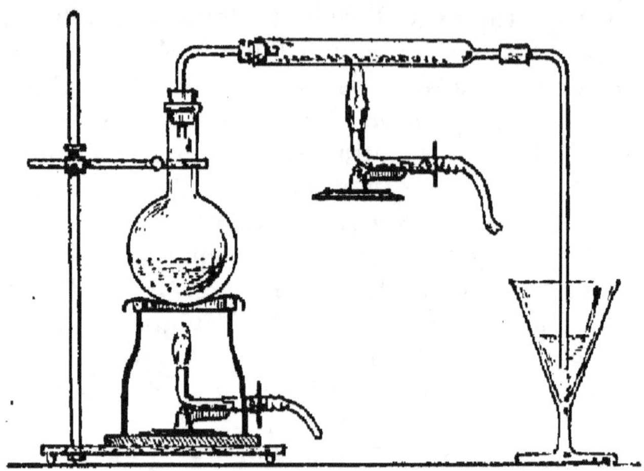

Fig. 17. — Réduction de l'oxyde de cuivre, par l'oxyde de carbone.

la flamme ne sera pas bleu pâle : des impuretés de l'acide formique lui donnent une teinte violacée et des composés volatils du cuivre peuvent la colorer en vert.

SULFURE DE CARBONE.

98. Sulfure de carbone. Propriétés dissolvantes. — Dans des tubes à essai, verser de l'*eau bromée*, de l'*eau iodée*, quelques gouttes d'huile. Ajouter dans chacun deux ou trois centimètres cubes de sulfure de carbone. Boucher chaque tube. Observer :

Que le sulfure de carbone possède une odeur fétide, laquelle disparaît d'ailleurs si le produit est convenablement purifié;

Qu'il est plus dense que l'eau, au fond de laquelle il se rassemble sans s'y mêler;

Que, si on agite fortement les trois tubes, il dissoudra l'iode et le brome en se colorant fortement et en abandonnant au-dessus de lui, après repos, l'eau décolorée; et qu'il dissoudra complètement le corps gras.

Précautions. — Il est important de ne pas manier ce liquide au voisinage des flammes. Il est très volatil et ses vapeurs, lourdes et inflammables, font avec l'air de terribles mélanges explosifs.

CHAPITRE VIII

SILICE. — SILICATES.

99. — Préparation et propriétés de] la silice gélatineuse.
— Dans un verre à expérience, traiter un peu de solution commerciale de *silicate de sodium* par de l'acide chlorhydrique; on obtient un précipité blanc de *silice gélatineuse* si abondant et si épais qu'il n'y a plus apparence d'eau et que le verre ne contient plus qu'une matière compacte.

Ce précipité est soluble dans beaucoup d'eau à la faveur d'un excès d'acide. Encore faut-il opérer dans des conditions particulières.

Si on prend un peu de ce précipité gélatineux et qu'on le traite par un grand excès d'eau et d'acide, ni l'agitation, ni même l'ébullition, ne pourront provoquer sa dissolution, du moins en proportions appréciables.

Mais si on étend préalablement la solution commerciale de silicate de sodium, laquelle marque environ 40° à l'aréomètre Baumé, de quatre ou cinq fois son volume d'eau, au minimum, elle ne précipitera plus par l'acide chlorhydrique. La silice dégagée reste alors dissoute.

De même, si on verse un peu de solution de silicate dans l'acide chlorhydrique en excès, il n'y a pas de précipitation.

La silice est un acide faible, susceptible de se dissoudre dans les bases fortes. Le précipité de silice gélatineuse peut être dissous dans une solution de potasse versée peu à peu et énergiquement agitée.

Un fragment de silice gélatineuse, chauffé dans un tube à essai avec la solution de potasse, s'y dissout facilement.

100. Silice et silicates naturels. — Les échantillons intéressants à examiner sont fort nombreux :

1° *Silice.* — Le *cristal de roche*, hexagonal, généralement incolore.

L'améthyste, violette.

Le *quartz enfumé*, noir.

La *cornaline*, le *jaspe*, l'*agate*, diversement colorés, veinés, nuancés.

L'*opale*.

Les substances quartzeuses communes : *grès, sables, pierres meulières, silex* ou *pierre à fusil*.

2° *Silicates*.

Les différentes espèces d'*argiles*, le *kaolin*, la *terre glaise*, la *terre à foulon*, et ce qu'on en fait, *terres cuites, faïence, porce-laine*.

L'*amiante*, en fibres et en tissus, l'*écume de mer* en rognons, le *talc* et la *craie des tailleurs*, le *mica*, la *topaze*, l'*émeraude*.

Enfin les *silicates solides de potassium* et de *sodium*, ou *verres solubles*.

VERRE.

101. Verre et cristal. Attaque par l'acide fluorhydrique. — Mettre un gramme de fluorure de calcium, ou spath fluor, en poudre, dans un tube à essai avec quelques gouttes d'acide sulfurique concentré.

L'attaque commence à froid; on l'activera en chauffant, très légèrement, pour ne pas exagérer le dégagement d'acide fluorhydrique, dont les vapeurs sont pénibles à respirer. La réaction terminée, on constatera que le tube est dépoli intérieurement, le verre ayant été attaqué par l'acide fluorhydrique dégagé.

102. Gravure sur verre. — Recouvrir une lame de verre légèrement chauffée avec de la cire sur une de ses faces; ou, mieux encore, y étendre une mince couche de *vernis des graveurs*. Dans ce dernier cas, laisser sécher. A l'aide d'une pointe

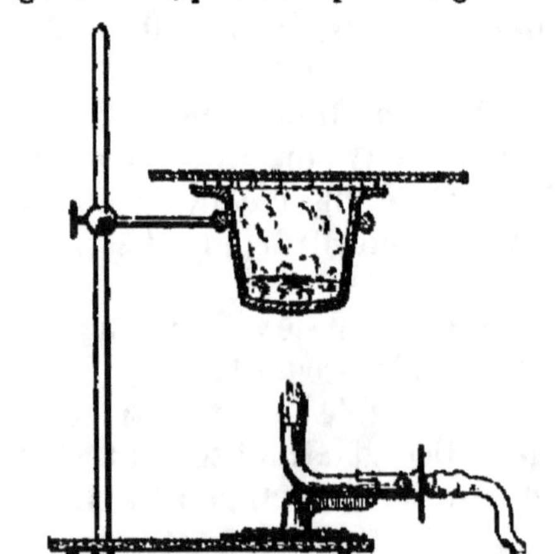

Fig. 18. — Gravure d'une lame de verre à l'acide chlorhydrique gazeux.

métallique, y tracer tels signes ou dessins que l'on voudra en prenant soin de bien mettre le verre à nu.

D'autre part, dans une coupelle en plomb (un encrier ordinaire en plomb convient très bien) mettre 3 ou 4 grammes de fluorure de calcium en poudre avec cinq centimètres cubes d'acide sulfurique concentré. Poser la coupelle sur le support universel, bien au-dessus d'une très petite flamme de gaz (il importe de ne pas chauffer assez pour fondre la cire ou le vernis), et sur ses bords poser la plaque de verre, la cire en dessous.

Regarder de temps en temps par transparence la lame de verre : lorsque les traits apparaîtront bien opaques, arrêter l'opération. Enlever la cire en chauffant le verre et en essuyant avec un chiffon ; le vernis sera lavé à la benzine ou à l'essence de térébenthine.

103. Travail des tubes de verre. — Dans les laboratoires, pour faire communiquer les différentes parties d'un appareil, on emploie des tubes d'environ un demi-centimètre de diamètre.

Ils sont d'ordinaire en verre blanc, plus fusible que le verre vert. Ce dernier est généralement réservé à la confection des tubes à réduction, ou des tubes bouchés dans lesquels on provoque des réactions exigeant une température un peu élevée : par exemple la décomposition de l'oxyde de mercure (§ 4).

Fig. 49.
Couronnement mobile.

Pour façonner les tubes suivant les exigences des appareils, on se sert d'un chalumeau où une large flamme de gaz d'éclairage est traversée par un jet d'air atmosphérique. Mais le brûleur Bunsen peut, dans la plupart des cas simples, suffire à la réalisation de ces travaux. A cet effet, il est souvent commode de surmonter le bec d'un couronnement mobile destiné à donner à la flamme la forme d'un papillon, ou d'un éventail. Mais ce n'est pas indispensable, et le brûleur seul convient à la rigueur, surtout s'il donne une flamme bien fournie.

104. Couper un tube. — On prend une lime à trois faces, dite *tiers-point*. Après avoir humecté d'eau une de ses arêtes, on s'en sert pour faire un trait sur le tube, perpendiculairement aux génératrices. Si on a affaire à un tube de verre blanc ordinaire, il est inutile de limer longuement, comme si on voulait scier le tube : un seul coup de lime, très sec, net et rapide, doit suffire. Prenant alors le tube dans les deux mains, les pouces des deux côtés du trait, on exerce un effort qui tend à plier le tube sous le trait de lime en même temps qu'à écarter les deux bords du trait. La cassure doit être nette et circulaire.

Avec le tube en verre vert, surtout s'il est de fort diamètre, l'opération devient beaucoup plus délicate. Il faut souvent limer longtemps et profondément avant de pouvoir séparer le tube en exécutant la traction ci-dessus indiquée.

Si cette méthode ne peut réussir, soit parce que le verre est trop mince, ou au contraire parce qu'il est trop résistant ou de trop fort diamètre, on peut se contenter de faire un trait de lime bien net, puis d'y po_er un corps chaud, telle une goutte de verre fondu à l'extrémité d'un tube effilé ou une pointe de charbon dur portée au rouge. Le trait se prolonge avec un bruit sec, suivant une fêlure circulaire que l'on continuera par le même procédé si on l'estime trop courte.

Toutes les opérations à exécuter sur le verre afin de modifier sa forme sont d'ailleurs délicates et exigent de l'adresse et de l'habitude chez l'opérateur.

105. Border un tube. — En principe l'extrémité d'un tube ne doit jamais rester tranchante : d'abord parce qu'on ne pourrait le manier sans risquer de se couper les mains ; ensuite parce qu'il serait difficile de le faire pénétrer dans les trous des bouchons ou dans les raccords en tube de caoutchouc sans les déchirer.

Pour border un tube, on laisse son extrémité dans la partie chaude de la flamme du brûleur jusqu'à ce que le verre commence à fondre. Pendant ce temps, on tourne doucement le tube autour de son axe, afin de répartir également la chauffe ; et sitôt que la flamme se colore nettement en jaune, on retire le tube. En le laissant plus longtemps, on risquerait de le fermer.

106. Courber un tube. — Pour faire une courbure, à angle droit par exemple, on placera le tube suivant la plus grande largeur de la flamme papillon, ou suivant la plus grande longueur de la flamme ordinaire, les mains placées comme l'indique la figure, la rotation lente du tube autour de son axe étant assurée par le mouvement des pouces.

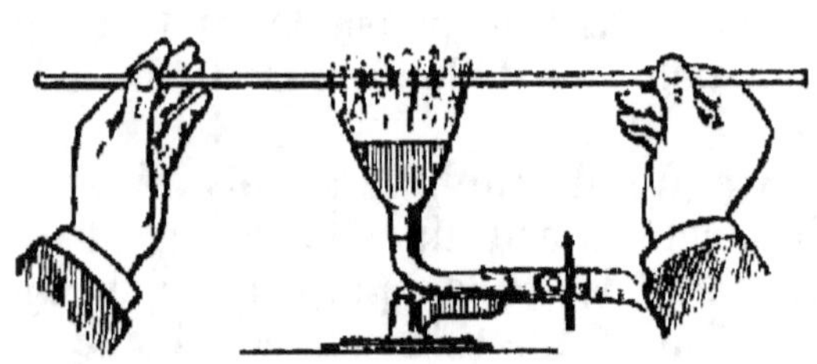

Fig. 50. — Manière de chauffer un tube de verre.

Avec le verre blanc fusible ordinaire, il n'est pas nécessaire que la flamme soit très chaude. Une flamme légèrement bordée de jaune convient : on réglera la virole du brûleur dans ce but. Mais on doit s'appliquer à chauffer la plus grande longueur possible de verre : sitôt qu'on le sent fléchir et qu'il faut avec les doigts l'empêcher de s'affaisser, on retire le tube de la flamme : on le laisse se courber par son propre poids en l'aidant au besoin d'un très léger effort. On doit ainsi obtenir un quart de cercle parfait, tandis que le tube conserve son diamètre intérieur sur toute l'étendue de la courbure.

Un tube chauffé à une température trop basse, ou sur une longueur trop faible, se plie au lieu de se courber.

Trop chauffé, il est peu maniable et se déforme.

Si la courbure est à angle aigu, ou même si les deux brins droits du tube doivent être parallèles, les précautions relatives à la longueur de la partie chauffée et à l'opportunité du moment où l'on doit sortir le tube de la flamme doivent être encore plus rigoureusement observées. On opèrera de la même façon, mais en poussant la courbure jusqu'à l'angle désiré, et en veillant bien à ce que la figure formée par le tube puisse s'appliquer sur un plan.

107. Effiler un tube. — On le chauffe dans la flamme droite, en le plaçant perpendiculairement à celle-ci. Il ne sera ainsi chauffé que sur une longueur de deux ou trois centimètres. On le tourne régulièrement autour de son axe jusqu'à ramollissement : à ce moment on le sort de la flamme et on le tire doucement, en ligne bien droite, dans les deux sens. On le coupe une fois refroidi.

Pour effiler un tube à réduction avec du tube de dimension plus considérable, en verre vert, on opèrera de la même manière en donnant toute la flamme possible et en n'oubliant pas que la moitié supérieure de celle-ci est sa partie la plus chaude. Il faudra chauffer longtemps pour obtenir le ramollissement nécessaire.

ACIDE BORIQUE. — BORAX.

108. Préparation de l'acide borique. — Dans une capsule de porcelaine verser 100 centimètres cubes d'eau distillée ; chauffer avec 50 grammes de borax, jusqu'à dissolution complète. Filtrer s'il y a lieu. Verser dans un vase en verre mince et colorer avec un peu d'*hélianthine* qui communiquera à la solution une coloration jaune orangé.

Ajouter alors peu à peu de l'acide chlorhydrique en agitant constamment jusqu'à ce que la teinte vire franchement au rose violacé. A cet instant l'acide borique a déjà commencé à se séparer du liquide : on laisse la quantité de précipité s'augmenter par refroidissement ; lorsque le liquide est revenu à la température du laboratoire, on jette sur un filtre, on lave avec un peu d'eau distillée sur le filtre et on laisse bien égoutter. On obtient ainsi de l'acide borique cristallisé.

Avec une spatule en prélever un peu, l'essorer à l'aide de papier buvard et l'agiter dans une soucoupe avec de l'alcool ordinaire ou de l'esprit de bois. La dissolution faite, ajouter une ou deux gouttes d'acide sulfurique. Allumer l'alcool, et observer les franges vertes de la flamme.

L'addition d'un peu de potasse fait d'ailleurs disparaître ces franges.

109. Reconnaître le métal d'un sel par les perles de borax. — Prendre un petit morceau de fil de platine à l'extrémité duquel on fera une petite boucle. La rougir dans la flamme du brûleur, la plonger dans du borax en poudre, et faire fondre à la flamme le sel qui est resté adhérent. Recharger une ou deux fois pour avoir une perle assez grosse. La chauffer encore une fois et la mettre en contact avec une trace d'un sel de *cobalt*, par exemple. Après un nouveau séjour dans la flamme, la perle incolore aura pris une belle teinte bleue, caractéristique des sels de cobalt.

Fig. 51. Fil de platine pour essai au borax.

On peut opérer de même manière avec l'anhydride borique.

Lorsqu'un essai est terminé, on nettoie la boucle en la plongeant dans la flamme, puis, subitement, dans un verre d'eau froide. La perle s'écrase alors entre les doigts.

CHAPITRE IX

110. Chlorure de sodium. — On a, au paragraphe 52, fait décrépiter du sel marin, et vu du sel gemme et du sel fondu.

Ici, faisons une solution de sel marin. Constatons qu'elle donne, avec l'azotate d'argent, le précipité blanc dont les propriétés ont été étudiées (§ 36).

Prenons le fil de platine terminé en boucle qui nous a servi lors des essais au borax. Nettoyons bien cette boucle jusqu'à ce que plongée dans la flamme chaude du brûleur, elle ne lui communique aucune coloration. Puis trempons le fil dans la solution de sel marin; nous obtiendrons, en la plongeant à nouveau dans la flamme, une lumière d'une jaune éclatant, caractéristique de la présence dans la flamme d'un composé du sodium.

De même, si on agite longuement un peu de sel en poudre, dans un tube à essai, avec de l'alcool à 90°, l'alcool hydraté dissout les traces de sel : si on le verse dans une soucoupe et qu'on l'enflamme, il brûle en donnant la même flamme jaune.

Un peu de sel marin, traité dans un tube par quelques gouttes d'acide sulfurique concentré, donne un dégagement de gaz acide chlorhydrique reconnaissable à ses fumées blanches légères lorsqu'il pénètre dans l'atmosphère, à ses fumées blanches opaques au voisinage d'une baguette de verre trempée dans l'ammoniaque, à ce qu'il rougit, enfin, un papier réactif au tournesol bleu humecté d'eau distillée.

111. Sulfate neutre de sodium. Solution sursaturée. — Dans un tube à essai, mettre 5 centimètres cubes d'eau distillée. Remplir le tube de sulfate de soude cristallisé, chauffer jusqu'à dissolution complète. Ajouter encore du même sel et le faire fondre jusqu'à ce que les deux tiers du tube soient remplis de solution limpide. Coiffer d'un petit cornet de papier pour garantir des poussières atmosphériques et laisser refroidir dans le porte-tube.

Au bout d'une heure environ, la solution étant convenablement refroidie, y laisser tomber un cristal du même sel. Observer la solidification de toute la masse en même temps que l'élévation de température, très sensible à la main.

112. Mélange réfrigérant. — Mettre dans un verre 50 centimètres cubes d'acide chlorhydrique en solution commerciale avec 80 grammes de sulfate de sodium ordinaire. Agiter avec un tube à essai à moitié plein d'eau. Observer que celle-ci se congèle.

En agitant avec un thermomètre on se rend compte avec précision de l'abaissement de température.

Voir à cette occasion des cristaux de sulfate neutre de sodium. Observer qu'ils s'*effleurissent* en perdant à l'air une partie de leur eau de cristallisation, et en devenant amorphes et pulvérulents.

113. Carbonates de sodium. — Dans un tube à essai, mettre un peu de *bicarbonate de soude*, sec, ou avec quelques gouttes d'eau. Fermer d'un bouchon portant un tube à dégagement droit se rendant dans un verre contenant de l'eau de chaux. Chauffer le tube à essai et constater le dégagement de gaz carbonique qui trouble l'eau de chaux d'abord et la rend ensuite à nouveau limpide. Lorsque le dégagement est terminé, cesser de chauffer après avoir débouché. Laisser refroidir le tube et y verser un peu d'acide chlorhydrique. Boucher rapidement avec le même bouchon, envoyant le gaz qui se dégage dans une nouvelle quantité d'eau de chaux. Les mêmes phénomènes se reproduiront.

On constatera ainsi que l'action de la chaleur transforme le *carbonate acide* en *carbonate neutre* et qu'il faut un acide pour chasser le reste du gaz carbonique.

On aura occasion de voir des cristaux de soude, ou carbonate de sodium hydraté commercial: on remarquera qu'ils s'*effleurissent*, comme le sulfate de soude: mais comme ils sont en cristaux plus gros, le phénomène est plus remarquable.

114. Solubilité et réaction des carbonates de sodium. — Dans un tube à essai, chauffer doucement 10 grammes d'eau avec 20 grammes de carbonate neutre de sodium. Réaliser la dissolution complète. Laisser refroidir et observer l'abondant dépôt de sel qui se sépare de la dissolution ; constater ainsi l'extrême solubilité du sel à chaud et l'affaiblissement rapide de cette solubilité lorsque la température s'abaisse.

Vérifier, dans un verre contenant de la teinture de tournesol étendue et rougie par un acide, que la solution de *carbonate de sodium*, dit *neutre*, a cependant la réaction *basique*.

Faire rapidement, à froid, dans un tube à essai, une solution de bicarbonate de sodium dans un peu d'eau et constater que, malgré son nom de *carbonate acide de sodium*, il a également, en présence du tournesol, la réaction *basique*.

CHAPITRE X

CALCAIRES. — CHAUX. — MORTIERS. — CIMENT. — PLATRE.

115. Carbonates de calcium. — L'insolubilité du carbonate de calcium dans l'eau pure, sa faible solubilité dans l'eau chargée de gaz carbonique, son attaque par les acides avec dégagement de gaz carbonique, ont été dès longtemps vérifiées (§ 87, 89).

On verra des échantillons de carbonate de calcium naturel : la *pierre à bâtir*, la *craie*, amorphes; des *marbres* de différentes teintes, semi-cristallins; les *calcites*, l'*aragonite*, cristallisées; le *spath d'Islande*, également cristallisé et présentant le phénomène de la double réfraction; on vérifiera cette curieuse propriété en posant le spath sur un papier imprimé et en lisant au travers du cristal.

116. Principe de la préparation de la chaux. — Dans la pince du support universel, serrer un morceau de craie. En plonger la plus grande longueur possible dans la moitié supérieure de la flamme chaude d'un brûleur Bunsen. Laisser 15 ou 20 minutes.

Observer, par comparaison avec la partie du bâton de craie qui n'a pas été cuite, que l'autre partie a diminué de volume. C'est de la *chaux vive*.

On la mettra dans une soucoupe. Et en même temps, dans une assiette, on placera un morceau de chaux vive du commerce. On effectuera comparativement les expériences suivantes.

117. Extinction et dissolution de la chaux. — On mouille la chaux avec un peu d'eau. Bientôt l'eau disparaît, absorbée par porosité : puis la chaux se fendille et des jets de vapeur en sortent : on ajoute un peu d'eau s'il est besoin; la chaux continue d'augmenter de volume, se délite, tombe en poussière; l'élévation de température est manifeste et il faut se garder de toucher la matière du doigt. On a enfin de la *chaux éteinte*.

On ajoute assez d'eau et on délaye pour faire une bouillie claire. C'est un *lait de chaux*.

On filtre ce lait de chaux. On obtient une solution limpide. C'est de l'*eau de chaux*.

118. Propriétés de cette dissolution. — Nous savons que cette eau est troublée par le gaz carbonique qui est contenu dans l'air, expurgé des poumons, dissous dans l'eau, ou produit par une réaction quelconque. Nous savons que ce trouble disparaît si l'action du gaz carbonique est suffisante pour transformer ce carbonate neutre de calcium en bicarbonate, et que cette solution de bicarbonate de calcium, chauffée dans un tube à essai, se trouble à nouveau parce qu'il se fait la transformation inverse (§ 89).

Enfin, on constatera avec un papier réactif au tournesol rose que l'eau de chaux a la réaction basique.

Si on en verse un peu dans un tube à essai contenant une solution de sulfate de cuivre, elle précipitera l'oxyde de cuivre hydraté bleu comme l'a fait la soude (§ 40).

119. Ciment. — Dans un verre mettre de l'eau (50 cent. cubes) ajouter 50 grammes de *ciment romain*, à prise rapide. Agiter avec une baguette de verre.

Huiler légèrement un autre verre en faisant couler un peu d'huile d'olive sur les parois du fond et en égouttant l'excès. Y verser la bouillie de ciment. Nettoyer immédiatement dans l'eau courante le premier verre et l'agitateur.

Au bout d'un quart d'heure, observer la prise.

120. Gypse. — Cuisson du plâtre. — Dans un tube en verre vert, maintenu dans la pince du support universel, chauffer un peu de gypse en poudre ou en lamelles concassées. Observer le dégagement de vapeur d'eau, et le changement d'aspect, s'il était en lamelles. La buée se dépose sur les parties encore froides du tube dont on se hâtera de la chasser.

Lorsqu'un verre froid, présenté au-dessus de l'ouverture du tube, ne se recouvre plus de dépôt de buée, c'est qu'il ne se dégage plus de vapeur d'eau; la transformation est terminée.

Retirer le plâtre et le broyer s'il y a lieu. Le délayer avec un poids d'eau au plus égal au sien et le verser dans une petite boîte que l'on confectionne en papier ou en carton. Si le plâtre est bien préparé, il doit *prendre*, c'est-à-dire durcir en moins d'une demi-heure.

121. Moulage. — Prendre une médaille ou une pièce de monnaie d'un bon relief, bien propre. L'entourer d'une bande de papier fort ou de carton mince pour en faire une petite caisse circulaire dont la pièce forme le fond; fixer l'extrémité de la bande avec un peu de papier gommé, et enduire la face de la médaille d'huile d'olive en couche extrêmement mince, mais parfaitement continue, à l'aide d'un pinceau.

Dans un verre, mettre 50 centimètres cubes d'eau. Y verser 60 grammes de *plâtre à modeler*, en agitant constamment; verser cette bouillie dans la boîte. Se hâter de nettoyer le verre et la spatule dans l'eau courante. Lorsque le plâtre est solidifié, ce dont on s'aperçoit en appuyant légèrement avec le doigt, enlever la bande de papier, et démouler délicatement.

122. Réactions du sulfate de calcium. — Une eau agitée avec un peu de plâtre ou de gypse en dissout 2 grammes par litre. On constatera (§ 20) :

Qu'elle précipite la solution alcoolique de savon en grumeaux blancs;

Qu'elle précipite en blanc l'eau de baryte et les sels de baryum dissous.

On aura occasion de voir des échantillons de *gypse fibreux* et en forme de *fer de lance*.

DEUXIÈME PARTIE

FER, ALUMINIUM, CUIVRE, ARGENT, OR. — CHIMIE ORGANIQUE

[Classes de Première C et D.]

CHAPITRE I

FER.

1. Préparation de l'hydrogène à l'aide du fer et de l'acide sulfurique. — Dans un col droit de 550 centimètres cubes, mettre 25 grammes de clous ou mieux de tournure de fer. Ajouter 100 grammes d'eau. Fermer d'un bouchon en caoutchouc ou en liège, percé de deux trous, portant un petit tube à entonnoir et un tube à dégagement courbé à angle droit.

Le gaz, sortant de cet appareil générateur, se

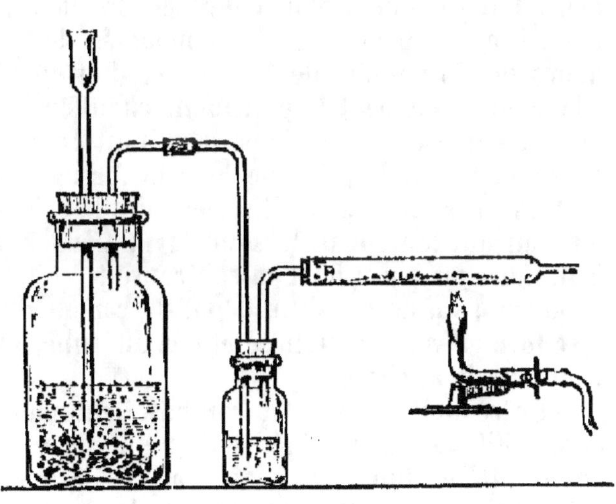

Fig. 52. — Préparation de l'hydrogène et réduction de l'oxyde de fer.

rendra dans un petit flacon laveur, constitué par un col droit de 125 centimètres cubes, fermé également à l'aide d'un bouchon à deux trous, portant un tube d'arrivée plongeant au fond, et un tube de départ dépassant peu la base du bouchon. Ce laveur est à moitié rempli d'acide sulfurique; il sert à dessécher le gaz et à connaître à chaque instant la vitesse du dégagement gazeux. On verse, par petites portions, 30 grammes d'acide sulfurique pur à 66°.

On peut alors constater le dégagement de chaleur produit par la réaction en touchant le flacon avec la main.

2. Réduction de l'oxyde ferrique. Fer pyrophorique. — A la suite du flacon laveur, on dispose un tube à réduction en verre vert, maintenu par un support universel. Dans ce tube on a mis un peu d'*oxyde ferrique*, ou *colcothar*, brun rouge.

Il est alors essentiel de s'assurer, avec le plus grand soin, de la pureté de l'hydrogène contenu dans l'appareil. S'il contenait encore de l'air, en effet, celui-ci formerait avec l'hydrogène un mélange détonant dont l'approche d'une flamme produirait la violente explosion. Nous ne saurions trop insister sur ces précautions, déjà recommandées dans la première partie (§ 26), et dont le mépris pourrait occasionner les plus graves accidents.

Pour faire cette vérification, on maintiendra quelques instants un tube à essai verticalement, le fond en haut, l'ouverture au-dessus de l'extrémité effilée du tube à réduction. L'hydrogène, en vertu de sa faible densité, remplit le tube, que l'on approche alors d'une flamme, afin d'allumer le gaz qu'il contient. Tant que cette combustion est accompagnée de bruit, on ne doit pas approcher la flamme de l'appareil; sitôt qu'elle est parfaitement silencieuse, on peut impunément chauffer le tube à réduction.

On chauffera le tube d'abord suivant toute sa longueur, puis on se fixera sur le point de l'oxyde ferrique que rencontre d'abord l'hydrogène. On chauffera ensuite la colonne de bout en bout, en avançant lentement lorsque la matière chauffée est devenue bien noire au point où l'on se trouvait.

De temps à autre, si un dépôt de vapeur d'eau condensée tend à se former vers l'extrémité effilée du tube, on chauffe cette région afin de la chasser.

Cette réduction doit être conduite lentement et à flamme modérée. Elle sera terminée lorsqu'un verre froid, approché de l'extrémité du tube, ne se tachera plus de buée. On n'a plus alors qu'un mélange d'oxyde ferreux et de fer très divisé.

Prendre alors le tube à réduction avec la pince en bois et le détacher de l'appareil. Le maintenir incliné, l'ouverture en bas, au-dessus d'un vase plein d'eau. Avec l'autre main, frapper doucement celle qui tient la pince, afin d'imprimer au tube de légères secousses qui feront glisser la matière par petites portions dans l'atmosphère. Chaque particule s'enflamme en arrivant au contact de l'air, si la réduction a été convenablement conduite. Ce produit est le *fer pyrophorique*.

3. Cristallisation du sulfate ferreux. — Démonter l'appareil à hydrogène, dans lequel la totalité de l'acide aura été versée. Une fois le dégagement terminé, filtrer le liquide encore chaud dans un verre à expérience. Par refroidissement, il laissera déposer une masse solide, cristalline, vert clair. C'est du *vitriol vert* ou sulfate ferreux cristallisé avec sept molécules d'eau.

4. Action des autres acides. Acide azotique : fer passif. — On a vu (1ʳᵉ partie, § 64), que l'acide azotique commercial attaque fort bien des clous de fer, avec dégagement de vapeurs nitreuses, alors que l'acide azotique fumant est sans action.

On constatera ici, de plus, que les clous qui ont été soumis à l'action de l'acide azotique fumant sont devenus *passifs*, c'est-à-dire ne sont plus attaquables par l'acide ordinaire. À cet effet, ayant baigné complétement des clous dans un verre avec de l'acide fumant, on décantera celui-ci doucement. Puis on le remplacera par de l'acide ordinaire qui sera sans action.

Mais cet état est peu stable, car il suffit, pour le faire cesser, du contact d'un fragment métallique attaqué ; tel un fil de cuivre ou un clou non passif. Quelquefois une friction un peu énergique avec une baguette de verre suffit pour rompre cet équilibre instable.

5. Action des acides. Acide chlorhydrique. Préparation du chlorure ferreux. — Dans un tube à essai, mettre un clou ou un peu de limaille de fer : verser ensuite un peu d'acide chlorhydrique, additionné de son volume d'eau.

Il se dégage de l'hydrogène qu'on peut enflammer à l'ouverture du tube. Le liquide obtenu, traité par une solution de potasse ou d'ammoniaque, donne le précipité blanc verdâtre d'hydrate ferreux.

6. Action des acides. Eau régale. Préparation du chlorure ferrique. — Dans un tube à essai, mettre un peu de limaille de fer avec de l'acide chlorhydrique additionné d'un tiers de son volume d'acide azotique, avec un égal volume d'eau. L'opération marche comme précédemment. Si elle manque d'activité, chauffer légèrement.

Le liquide obtenu, traité par la potasse ou l'ammoniaque, donne un précipité rouille d'hydrate ferrique.

7. Combustion du fer et de l'acier. — a) *Combustion de la limaille de fer à l'air.* — Projeter de la limaille de fer dans la flamme non éclairante d'un bec Bunsen. Observer la production

d'étincelles brillantes. Le fer brûle et se transforme en oxyde de
fer magnétique.

b) Combustion de l'acier dans l'oxygène. — Prendre un ressort
de montre, dont l'élasticité est remarquable. Le maintenir rec-
tiligne en tirant sur les deux extrémités et le passer dans la
flamme du bec Bunsen ; on aura soin de porter successivement
tous ses points au rouge. On obtient ainsi un ruban parfaitement
souple. L'acier est recuit (§ 16, première partie).

On prendra alors un morceau de tube de verre, autour duquel
on enroulera le ruban d'acier, en le chauffant à nouveau s'il est
nécessaire. La spirale d'acier ainsi obtenue sera munie d'un
morceau d'amadou, et on la fera brûler dans l'oxygène, ainsi
qu'il est indiqué (§ 15, première partie).

**8. Combustion du fer dans le soufre. Préparation du sulfure
de fer.** — Préparer un mélange intime de fleur de soufre et de
limaille de fer dans la proportion des poids atomiques de ces
deux corps, 56 grammes de fer pour 32 grammes de soufre, ou
7 grammes pour 4 grammes. En remplir le quart d'un tube à
essai.

Chauffer un peu partout, puis fixer la flamme sur un point.
Sitôt que la réaction a commencé en cet endroit, retirer de la
flamme : l'incandescence produite se propage d'elle-même dans
toute la masse, et on obtient du sulfure de fer.

Il est bon de maintenir le tube au-dessus d'un verre ou d'une
terrine contenant de l'eau ; car il casse fréquemment par suite
de l'excessif dégagement de chaleur.

Lorsque ce sulfure sera refroidi, on l'attaquera par un peu
d'acide chlorhydrique ou d'acide sulfurique. Il se dégagera de
l'hydrogène sulfuré, reconnaissable à son odeur et à ce qu'il
noircit un papier imprégné d'une solution d'acétate de plomb.

9. Caractères du fer, de l'acier et de la fonte. — Sur une
lame de fer, mettre une goutte d'acide azotique commercial.
Agir de même avec une lame d'acier, par exemple une lame de
couteau. Au bout de quelques minutes laver à grande eau. Observer la tache. Elle est grise sur le fer, noire sur l'acier.

Si dans un tube à essai on dissout un petit fragment de fonte
grise avec de l'acide chlorhydrique étendu de très peu d'eau,
jusqu'à ce que la réaction soit complète, il reste en suspension
des parcelles noires inattaquées qui sont du graphite.

L'acier donnerait le même résultat avec beaucoup moins de
parcelles. Le fer, s'il est parfaitement doux, n'en donne pas.

À cette occasion, les élèves pourront voir des échantillons
divers de *fer*, de *fontes*, *grise*, *blanche* et *truitée* ; *d'acier trempé*

et *non trempé*; de *ferro-chrome*, *ferro-manganèse*, *ferro-tungstène*, *ferro-silicium*; de minerais, *fer oxydulé* ou *magnétite*, *fer oligiste*, *hématite rouge* ou *ocre rouge*, *limonite*, *fer oolithique*, *hématite brune* en rognons, *fer spathique* et *sidérose*; de fondant calcaire ou *erbue*, de fondant siliceux ou *castine* et, enfin, de *laitiers* et de *coke des meules*.

10. Caractères principaux des sels de fer. — Verser dans des tubes à essai 1 centimètre cube de l'eau mère qui surmonte la cristallisation de sulfate ferreux. Étendre de trois ou quatre fois autant d'eau distillée.

a) Observer que la potasse ou l'ammoniaque y donnent un précipité blanc devenant rapidement vert, puis, lentement, couleur rouille. C'est de l'hydrate ferreux, lequel se transforme en hydrate ferrique sous l'action de l'oxygène de l'air.

b) Si maintenant, dans un autre tube, on chauffe un peu d'eau mère avec de l'acide azotique, elle prend d'abord une teinte brune, puis s'éclaircit. Le sulfate ferreux a été transformé en sulfate ferrique par l'acide azotique, oxydant énergique.

c) Ajoutons alors, goutte à goutte, de la potasse ou de l'ammoniaque. Tout d'abord, nous ne verrons rien. Cet alcali sera seulement employé à neutraliser l'acide en excès. Ceci terminé, l'alcali provoquera la précipitation d'oxyde immédiatement ferrique, couleur rouille.

d) La transformation inverse est possible. On le constaterait en mettant dans des tubes un peu du chlorure ferrique préparé au § 6, lequel précipite en rouille par les alcalis, et en le chauffant avec une solution d'acide sulfureux, qui est réductrice et qui produit la transformation en sel ferreux; celui-ci précipitera alors par les alcalis en blanc verdâtre.

e) Le *ferrocyanure de potassium*, en solution jaune, donne avec les sels ferriques une coloration bleue très intense : il s'est formé du *bleu de Prusse*.

Le même réactif donnerait avec les sels ferreux un précipité blanc ; mais comme presque toujours les sels ferreux contiennent un peu de sels ferriques, à moins de précautions très délicates, c'est plutôt la réaction de ceux-ci qu'on obtiendra, des traces très faibles suffisant pour donner une teinte bleue intense.

f) Le *permanganate de potassium* en solution rouge est décoloré par les solutions de sels ferreux. Les sels ferriques sont sans action. Cette réaction est le principe d'une méthode de dosage du fer à l'aide d'une solution titrée de permanganate de potassium.

CHAPITRE II

11. Combustion de l'aluminium. — Constater qu'un fil de ce métal, mis dans la flamme du bec Bunsen, fond sans brûler tandis que de la poudre fine d'aluminium y brûle, si on l'y projette, en donnant de belles étincelles.

12. Action des acides sur l'aluminium. — Dans un tube à essai, mettre un petit tortillon de fil d'aluminium; le couvrir d'acide chlorhydrique concentré. Peu à peu, l'attaque se produit, s'accélérant progressivement lorsque la température s'élève par suite de la réaction même. On peut enflammer l'hydrogène qui se dégage à l'ouverture du tube.

Étendre d'un peu d'eau distillée, lorsque la flamme s'éteint. Conserver la solution de *chlorure d'aluminium* ainsi préparée.

13. Action des bases sur l'aluminium. — Dans un autre tube à essai, traiter un semblable tortillon de fil d'aluminium par une solution de potasse caustique à 25 pour 100. La réaction est peu sensible à froid. On chauffe doucement. Il se dégage de l'hydrogène que l'on peut enflammer. Laisser la réaction s'achever, et conserver la solution d'*aluminate de potassium* ainsi préparée.

14. Principaux caractères des sels d'aluminium. — L'alumine est un oxyde indifférent. — *a*) Mettre dans un verre le chlorure d'aluminium préparé. Y verser peu à peu de la potasse étendue. Constater :

Que les premières gouttes ne produisent rien d'apparent. Elles sont employées à neutraliser l'acide chlorhydrique en excès dans la liqueur;

Que les portions suivantes produisent un précipité blanc d'*alumine gélatineuse*. Donc l'alumine est une base puisqu'elle est déplacée par la potasse;

Que si on continue à ajouter de la potasse, en agitant si besoin est, le précipité disparaît; il est soluble dans un excès de potasse à laquelle il s'est combiné à la façon d'un acide.

b) Mettre dans un verre la solution d'aluminate de potassium préparée. Y verser peu à peu de l'acide chlorhydrique étendu. Constater :

Que les premières gouttes sont sans action apparente. Elles servent à neutraliser la potasse en excès dans la solution;

Que les portions suivantes produisent un précipité blanc d'alumine gélatineuse. Donc l'alumine est un acide, puisqu'elle est déplacée par l'acide chlorhydrique;

Que si on continue à ajouter de l'acide, le précipité disparaît, redissous dans l'excès d'acide auquel il se combine à la façon des bases.

c) Il est aisé de conclure que l'alumine ayant, suivant les cas, la fonction acide ou la fonction basique, est un oxyde indifférent.

Remarque. — Si on remplace la potasse par l'ammoniaque ou par un carbonate alcalin, la précipitation de l'alumine basique est possible; mais le précipité n'est pas soluble dans un excès du réactif.

15. Préparation du sulfate d'aluminium à l'aide d'alumine naturelle. — Réactions de ce sel. — Dans le ballon qui a servi à préparer la solution d'alun, chauffer 12 grammes de *bauxite* (alumine hydratée naturelle colorée en rouge par de l'oxyde de fer) réduite en poudre fine, avec 60 centimètres cubes d'acide sulfurique étendu à 25 pour 100. Maintenir à une température voisine de celle de l'ébullition pendant quinze à vingt minutes. Étendre de son volume d'eau, laisser refroidir et filtrer. En mettre dans trois tubes et procéder aux constatations suivantes :

a) Une solution de *chlorure de baryum* donne un précipité blanc insoluble dans tous les réactifs. C'est la caractéristique des *sulfates*.

b) La *potasse* donne un précipité *d'alumine gélatineuse*, non pas blanc, mais teinté en rouille par suite de la présence de *sels de fer*.

Un excès de potasse dissout l'alumine, mais ne dissout pas l'hydrate ferrique.

c) Un peu de *ferrocyanure de potassium* en solution donne le précipité *bleu de Prusse*, caractéristique des *sels ferriques*.

16. Préparation d'une laque. — Prendre une certaine quantité d'une solution de sulfate d'aluminium à 500 grammes par litre. Y ajouter de l'ammoniaque, ou une solution de carbonate d'ammoniaque jusqu'à ce que la précipitation d'alumine gélatineuse soit complète. Décanter alors le liquide et verser sur le précipité ainsi séparé une solution de *cochenille* à 5 grammes par litre, en volume égal à celui de la solution de sulfate d'aluminium. Agiter vivement pour bien établir le contact des deux substances : abandonner pendant quelques minutes, puis filtrer. Le liquide doit passer parfaitement incolore. La matière colorante reste sur le filtre à l'état de laque, en combinaison avec l'alumine.

17. Mordançage. Teinture. — Prendre deux écheveaux de coton blanc. Les mettre dans une capsule avec une solution de carbonate de sodium à 50 grammes par litre. Maintenir à l'ébullition pendant quelques minutes afin d'enlever toute trace d'apprêt ou de matières grasses. Bien laver à grande eau en maniant les écheveaux avec des agitateurs et en évitant de les toucher avec les doigts.

L'un des écheveaux sera mis dans un verre sous une couche d'*acétate d'aluminium* en solution commerciale. L'autre sera mis dans la capsule préalablement rincée avec soin et garnie d'une quantité suffisante de la solution de cochenille précédemment indiquée (§ 16). Au bout de quelques minutes d'ébullition, on retirera le coton et on le remplacera par celui qui a été mordancé à l'acétate d'aluminium, auquel on fera subir dans la teinture de cochenille le même traitement.

On les lavera alors à grande eau tous les deux : mieux encore, on les fera bouillir dans la capsule remplie cette fois d'eau pure. L'écheveau non mordancé se décolore tandis que celui qui l'a été conserve sa teinte. Il s'est formé dans ses pores une laque indélébile de cochenille.

18. Coller du papier. — Tremper une bande de papier à filtrer fin, sur lequel on ne peut écrire parce qu'il *boit* l'encre, dans une solution de sulfate d'aluminium à 20 pour 100 ou d'alun à saturation. Bien sécher : on obtiendrait un résultat parfait avec un coup de fer à repasser. On peut alors écrire sans bavures avec une plume et de l'encre ordinaire.

19. Préparation et cristallisation de l'alun ordinaire. — Dans un ballon de 250 à 500 centimètres cubes de capacité mettre 100 grammes d'eau distillée avec 40 grammes de sulfate d'aluminium et 12 grammes de sulfate neutre de potassium. Porter à l'ébullition jusqu'à dissolution complète du sulfate de potassium. Filtrer et recueillir dans un verre. Par refroidissement l'alun se sépare à l'état de cristaux octaédriques.

Profiter de ce que l'on dispose d'une bonne solution de sulfate d'aluminium pour essayer, au papier de tournesol bleu, l'acidité de ce sel.

20. Déshydratation de l'alun. Préparation du champignon d'alun calciné. — Sur un fourneau à gaz, chauffer un petit creuset de terre sans couvercle, rempli de cristaux d'alun ordinaire. L'alun subit d'abord la *fusion aqueuse* dans ses 24 moléculés d'eau de cristallisation. Puis celle-ci se volatilise, en gonflant le liquide sirupeux, lequel est bientôt remplacé par une matière blanche, très poreuse, qui sort abondamment du creuset.

Les élèves auront occasion de voir des échantillons d'aluns cristallisés, tels l'*alun ordinaire*, *l'alun de chrome*, des cristaux d'aluns superposés;

Des matières premières pour *poteries*, *faïences*, *porcelaines* ; *argiles diverses*, *kaolin*, *pegmatite*, *feldspath orthose* et *albite* ; des objets fabriqués divers;

Des minerais d'aluminium, *cryolithe*, *bauxite*, *émeri naturel*, *corindon*, *alunite*;

Des pierres précieuses, véritables ou imitées, *corindon*, *rubis*, *topaze*, *saphir*, *améthyste*, *émeraude*;

Des objets en *aluminium*, ou en alliages, tels les *bronzes d'aluminium*.

CHAPITRE III

21. Principes de la métallurgie du cuivre. — a) *Réaction du sulfure de cuivre sur l'oxyde de cuivre.* — Mélanger intimement 5 grammes d'oxyde de cuivre et 5 grammes de sulfure de cuivre finement pulvérisés. Introduire cette poudre dans un tube bouché en verre vert. Le chaufferaussifort que possible avec le bec Bunsen.

Il se dégage du gaz sulfureux, reconnaissable à son odeur. Si d'ailleurs on munit l'appareil d'un

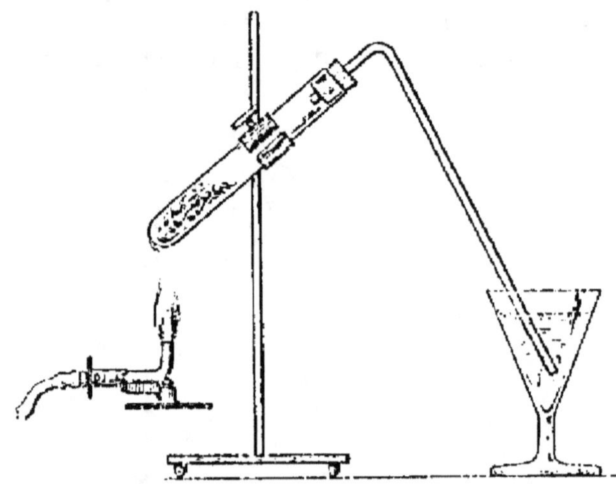

Fig. 55. — Réaction du sulfure de cuivre sur l'oxyde de cuivre.

bouchon portant un tube coudé à dégagement se rendant dans une solution de permanganate de potassium, celle-ci sera décolorée. Retirer alors le tube à dégagement du liquide par crainte d'absorption.

Lorsque l'odeur sera complètement disparue, on arrêtera la chauffe, et vidant sur un papier blanc le contenu du tube on constatera que la poudre noire est remplacée par une poudre rouge foncé. C'est du cuivre métallique.

On conservera ce cuivre pour réaliser sur lui les expériences ultérieures.

b) *Réduction de l'oxyde de cuivre par le charbon.* — Mettre dans un autre tube de verre vert 5 grammes d'oxyde de cuivre en poudre mélangé à 2 grammes de charbon de bois pulvérisé.

Chauffer comme précédemment, en envoyant cette fois le gaz dans de l'eau de chaux, qui se troublera, démontrant ainsi un dégagement de gaz carbonique. Si celui-ci est en excès, ce trouble pourra, à la longue, disparaître.

22. Action de l'oxygène sur le cuivre. — Dans un tout petit tôt en terre, chauffer un peu de cuivre pulvérulent obtenu lors de la première opération (§ 21, **a**).

Du rouge, il passera à nouveau au noir; l'oxyde de cuivre ainsi obtenu peut être employé à la réaction précédente (§ 21, **b**).

On peut aussi griller à l'air, sur la toile métallique qui recouvre le support du bec Bunsen, quelques tortillons de cuivre en tournure. On les verra noircir en passant par différentes nuances irisées (1ᵉ partie § 8).

25. Action des acides. — a) *Acide azotique.* — Mettre un peu de cuivre en poudre dans un verre; verser quelques gouttes d'eau, puis de l'acide azotique qui attaque **violemment** le cuivre à froid. Il se dégage du nitrosyle lequel se transforme au contact de l'air en vapeur rutilantes pénibles à respirer. Après avoir constaté la couleur bleu verdâtre du sel de cuivre produit, on arrêtera le dégagement en remplissant le verre d'eau.

b) *Acide sulfurique.* — Dans un tube à essai mettre un peu de cuivre en poudre, ou mieux un ou deux copeaux de cuivre en tournure, avec de l'acide sulfurique concentré. Chauffer très doucement. A l'aide d'un bouchon portant un tube à dégagement comme précédemment (fig. 53), envoyer le gaz qui résulte de cette réaction dans un verre contenant du permanganate de potassium en solution rose. Celle-ci sera décolorée, ce qui montre la production de gaz sulfureux.

Avoir grand soin de ne pas cesser de chauffer avant de retirer le tube du liquide. Craindre l'absorption qui produirait une explosion dans le tube.

c) *Action de l'acide chlorhydrique.* — Dans un tube à essai, mettre du cuivre en poudre additionné d'un peu d'oxyde de cuivre également pulvérulent.

Ajouter 4 ou 5 centimètres cubes d'acide chlorhydrique concentré. Chauffer doucement, en évitant de dégager le gaz chlorhydrique. Le liquide devient brun noir.

Pour avoir une réaction complète, chauffer jusqu'à ce que la liqueur soit redevenue claire; au cours de l'opération, on ajoute un peu d'acide si la perte par volatilisation y oblige.

La réaction terminée, verser le liquide dans un verre d'eau froide, en ayant soin de ne pas détacher le résidu solide qui garnit le fond du tube.

Le chlorure cuivreux, soluble dans l'acide chlorhydrique, n'est pas soluble dans l'eau; il se précipite en une poudre blanche qu'on lavera, laissera déposer et décantera deux ou trois fois.

On la séparera alors en deux portions et on constatera qu'elle est soluble dans l'acide chlorhydrique et dans l'ammoniaque.

24. Action de l'ammoniaque sur le cuivre : préparation de l'azote par le procédé de M. Berthelot. — Dans un flacon à large ouverture bien bouché, introduire de la tournure de cuivre et remplir la moitié du vase d'ammoniaque étendue d'un égal volume d'eau.

Fermer soigneusement. Attendre au moins une demi-heure. Le liquide se colore en bleu en dissolvant de l'oxyde de cuivre lequel s'est formé aux dépens de l'oxygène de l'air du flacon.

On débouchera alors celui-ci sous l'eau, et on observera tout d'abord une rentrée de liquide dans le flacon. Puis, faisant passer le gaz qui y reste dans deux tubes à essai, on constatera :

Qu'il éteint une allumette allumée qu'on y plonge;

Qu'il ne trouble pas l'eau de chaux qu'on y verse.

On en conclut que c'est de l'azote.

25. Réduction de l'oxyde de cuivre par l'hydrogène. — Se reporter au § 29, première partie.

26. Combustion du cuivre dans le soufre. — Chauffer un peu de soufre dans un tube à essai jusqu'à ébullition. Y laisser alors tomber des fragments de cuivre en tournure; celui-ci se combine au soufre avec incandescence. Il reste dans le tube une masse noire, amorphe, qui est du sulfure de cuivre.

27. Étude du sulfate de cuivre. Déshydratation. — Prendre des cristaux de sulfate de cuivre ou *vitriol bleu*. S'ils sont un peu anciens, observer sur les arêtes des efflorescences blanches provenant de la déshydratation spontanée du sel au contact de l'air. Les mettre dans un têt en terre et les chauffer sur un fourneau à gaz, en remuant de temps à autre pour renouveler les surfaces. Au bout de quelques minutes le sulfate cristallisé bleu, à cinq molécules d'eau de cristallisation, est remplacé par du sulfate amorphe et anhydre, blanc.

En mettre un peu dans un tube à essai avec de l'alcool absolu. Constater que le corps reste blanc.

Dissoudre le reste dans un verre d'eau. Constater qu'il bleuit immédiatement en redonnant une solution de sulfate bleu.

28. Déplacement du cuivre par d'autres métaux. — Dans un tube mettre de la solution bleue de sulfate de cuivre avec un peu de limaille de fer. Agiter et laisser reposer. Au bout de quelque temps, la teinte bleue disparaîtra, remplacée par la teinte à peine verte du sulfate ferreux, tandis qu'une partie des grains de limaille de fer est remplacée par des grains rouges de cuivre.

29. Action des alcalis. — *a)* Traiter une solution de sulfate de cuivre dans un tube par la potasse. Le précipité bleu foncé est insoluble dans un excès de potasse. Mais il peut être dissous dans l'ammoniaque.

b) Si on traite directement la solution de sulfate de cuivre par l'ammoniaque avec ménagement, on obtiendra tout d'abord le même précipité, lequel se dissoudra dans un excès de réactif.

c) Liqueur de Schweitzer. — Dans un verre, traiter une solution de sulfate de cuivre par un excès de potasse. Ajouter beaucoup d'eau. Agiter et laisser déposer. Décanter et laver deux ou trois fois. Dissoudre le précipité d'hydrate de cuivre dans l'ammoniaque sans excès. Bien agiter et décanter dans un verre propre. La solution bleue obtenue est de la *liqueur de Schweitzer.*

Ce liquide a la propriété singulière de dissoudre la *cellulose.* Prendre un fragment de coton hydrophile, le plonger par fractions dans le liquide en agitant constamment : le coton disparaîtra et la liqueur redeviendra limpide.

Si on veut ensuite faire réapparaître le coton, il suffira d'y verser de l'acide chlorhydrique jusqu'à ce que la couleur bleue soit remplacée par la teinte verte du chlorure de cuivre. Le coton sera alors complètement séparé.

On peut également provoquer cette séparation avec un grand excès d'eau.

30. Caractères principaux des sels cuivriques. — Outre la propriété de précipiter par les alcalis en un hydrate de cuivre bleu soluble dans l'ammoniaque, ils ont également celle de donner un précipité de même couleur avec les carbonates alcalins, insoluble dans un excès de réactif.

L'hydrogène sulfuré y donne un précipité noir. Le fer et le zinc qui y sont plongés se recouvrent de cuivre rouge.

Les sels de cuivre sont le plus souvent bleus ou verts.

On aura occasion de voir des minerais de cuivre : *pyrites cuivreuses* (*chalcopyrites* et *chalcosine*), *cuivres panachés, cuivre gris, bournonite, cuprites, cuivre natif* en pépites, *zingueline, malachite* et *azurite;* des *mattes,* du *cuivre noir;*

Du *cuivre rouge,* du *laiton,* ou *cuivre jaune,* des *bronzes* divers, du *maillechort,* des *moules galvanoplastiques* en gutta-percha plombaginée; de la *toile métallique* neuve, du *clinquant,* du fil de *cuivre écroui,* peu souple, qu'on recuira dans la flamme du brûleur pour le rendre tout à fait souple.

CHAPITRE IV

ARGENT.

51. Préparation d'une solution d'azotate d'argent. — Prendre une pièce d'argent (une pièce de 0 fr. 50 démonétisée convient parfaitement, ainsi qu'un débris de bijou d'argent de 2 à 5 grammes). La mettre dans une capsule de porcelaine avec 10 à 12 centimètres cubes d'acide azotique pur. Chauffer très peu, pour amorcer l'attaque, et retirer la flamme dès que les vapeurs se dégagent. On la ramènera si la réaction se ralentissait avant que le métal soit complètement dissous. On obtient ainsi de l'azotate d'argent coloré en vert par de l'azotate de cuivre. Si d'ailleurs on en prélève une petite quantité au bout d'un agitateur, et si on la dissout dans quelques gouttes d'eau on obtiendra, par addition d'ammoniaque, la teinte bleue de l'eau céleste, caractéristique des sels de cuivre.

Chauffer doucement en tournant la capsule pour présenter à la flamme toute sa surface. L'excès de vapeur d'eau et d'acide azotique se dégage d'abord. Puis, le corps une fois sec, l'azotate de cuivre commence à se décomposer. Des vapeurs nitreuses se dégagent, tandis que la couleur verte de l'azotate de cuivre fait place à la couleur noire de l'oxyde. L'azotate d'argent reste d'ailleurs inaltéré, sous forme d'un liquide sirupeux.

L'opération terminée, quand toute la surface intérieure de la capsule est bien noire et que le dégagement de vapeurs nitreuses est entièrement achevé, laver la capsule encore chaude en y versant de l'eau avec précaution ; recommencer ce lavage à deux ou trois reprises, réunir les résultats, qui ne doivent pas dépasser 100 centimètres cubes, si on avait affaire à une quantité d'alliage d'argent correspondant à une pièce de 0 fr. 50. Filtrer. Une prise d'essai de ce liquide ne doit donner avec l'ammoniaque aucune teinte bleue. Elle est parfaitement exempte de cuivre.

Compléter exactement à 100 centimètres cubes.

52. Préparation du chlorure d'argent. — Mettre dans un verre 20 centimètres cubes de la solution préparée d'azotate d'argent. Y ajouter une solution de sel marin en excès (100 centimètres cubes de solution saturée, préalablement étendue de son volume d'eau distillée). Agiter, en mettre dans cinq tubes à essai, et laisser le reste dans le verre. Procéder *immédiatement* aux réactions suivantes sur le précipité blanc, caillebotté, de chlorure d'argent qu'on a obtenu.

53. Réduction du chlorure d'argent par le zinc. — Dans le verre, ajouter une dizaine de centimètres cubes d'acide chlorhydrique concentré, qui doit être sans action si tout l'argent a bien été précipité par le sel marin. Ajouter un ou deux fragments de zinc et agiter constamment.

Le zinc, réagissant sur l'acide chlorhydrique, provoque un dégagement d'hydrogène. Cet hydrogène naissant réduit le chlorure d'argent à l'état d'argent métallique. La matière blanche devient d'un gris de plus en plus foncé, au fur et à mesure que la transformation du chlorure d'argent en mousse d'argent métallique s'achève.

54. Autres propriétés du chlorure d'argent. — Dans les cinq tubes à essai, on constatera :

1° Que le précipité est insoluble dans l'acide azotique (ce qui le distingue d'autres précipités blancs solubles dans cet acide) ;

2° Qu'il est soluble dans l'ammoniaque ;

3° Qu'il est soluble dans l'hyposulfite de sodium dissous dans l'eau ;

4° Qu'il est soluble dans une solution de cyanure de potassium (*ce réactif est un poison des plus violents*) ;

5° Qu'il est décomposé par la lumière. Le cinquième tube, abandonné dans le porte-tubes, autant que possible à la lumière vive, contiendra une substance tournant avec le temps au gris violet, et ceci provient de la décomposition du chlorure d'argent par la seule action de la lumière.

55. Bromure et iodure d'argent. — Si on précipite l'azotate d'argent par un bromure ou un iodure alcalin, on observe des phénomènes identiques avec l'hydrogène naissant, l'acide azotique, les solutions d'hyposulfite de soude et de cyanure de potassium.

Toutefois le bromure d'argent est blanc jaunâtre, soluble seulement dans beaucoup d'ammoniaque tandis que l'iodure est nettement jaune et insoluble dans l'ammoniaque.

56. Déplacement de l'argent par le cuivre ou le mercure. — Faire une solution à 2 grammes par litre d'azotate d'argent blanc. Choisir parmi les expériences suivantes :

a) *Arbre de Diane au mercure.* — Dans un tube à essai mettre une grosse goutte de mercure. Verser de la solution aux 3/4 du tube. Le laisser dans le porte-tube. Il se produira, au-dessus du mercure, de grandes aiguilles d'amalgame d'argent cristallisé, dont on pourra apercevoir le début au cours d'une séance, mais qui ont besoin de plus de temps pour se parachever.

b) Arbre de Diane au cuivre. Premier dispositif. — Sur une lame de verre poser des morceaux de fil de cuivre très propre, décapé au papier émeri. Les couvrir de solution. Observer les arborescences d'argent et la teinte verdâtre du liquide due à la production d'azotate de cuivre.

c) Deuxième dispositif. — Dans un tube à essai plein de la solution mettre un fil de cuivre qui occupe toute la longueur de son axe, fixé au centre d'un bouchon de liège qui ferme le tube. Observer les arborescences d'argent et la teinte verte du sel de cuivre produit, au fond du tube.

d) Action de la limaille de cuivre. — Dans un verre mettre de la solution avec un peu de limaille de cuivre, agiter. La limaille blanchit et la liqueur se trouble par suite de dépôt d'argent. Après repos, elle est légèrement colorée en vert par le sel de cuivre.

57. Argenture d'un tube à essai. — Prendre un tube à essai bien propre. Le mieux est d'en choisir un neuf. Le rincer soigneusement à l'eau distillée. Dans un verre, mettre 10 centimètres cubes de solution d'azotate d'argent à 20 grammes par litre. Dans un autre verre mettre de l'ammoniaque étendue de plusieurs fois son volume d'eau. Ajouter cette solution ammoniacale goutte à goutte, avec beaucoup de précaution, à la solution du sel d'argent. Il se produit d'abord un précipité brun d'oxyde d'argent lequel se dissout dans un excès d'ammoniaque. Sitôt ce résultat obtenu, éviter d'ajouter un nouvel excès d'ammoniaque. On obtient ainsi la solution dite *d'azotate d'argent ammoniacal limite.*

Prendre alors une solution étendue d'acide tartrique (5 à 10 grammes par litre). En ajouter goutte à goutte à la solution limite précédente. Il se forme un précipité blanc qui se dissout par agitation. Ajouter de la solution jusqu'à ce que le précipité ne se dissolve plus. A ce moment, filtrer soigneusement et remplir le tube à essai à moitié de ce liquide. Le faire chauffer au bain-marie, par exemple dans un petit ballon dont le col laisse pénétrer le tube. Après quelques instants d'ébullition le tube se recouvrira d'un dépôt d'argent métallique, parfaitement réfléchissant, semblable à celui qui recouvre intérieurement les boules de jardin, lesquelles sont d'ailleurs argentées par ce procédé.

58. Action du soufre et des sulfures sur l'argent. — A froid, l'argent se sulfure en devenant noir avec la plus grande facilité. Une pièce d'argent brillante, mise dans une solution d'hydrogène sulfuré ou de sulfure alcalin fraîche, devient toute noire. Exposée aux émanations d'hydrogène sulfuré, par exemple posée sur le goulot du flacon qui contient une solution de ce gaz, elle noircit de même. Enfin, une pièce d'argent conservée dans la poche avec un petit morceau de canon de soufre, ou simplement une ou deux allumettes soufrées, se sulfure à ce seul contact au bout de quelque temps.

Dans tous les cas, on enlèvera ces traces superficielles de sulfure en frottant la pièce avec un peu de blanc d'Espagne en poudre fine, mouillé d'un mélange d'alcool et d'ammoniaque. L'emploi de cette mixture constitue le moyen le plus efficace de nettoyer l'argent.

59. Argenture métallique à la bouillite .e. — Faire une solution de sel marin et une de crème de tartre à environ 100 grammes par litre chacune. Les mêler à volumes égaux. Faire bouillir 100 ou 200 centimètres cubes de ce mélange avec 10 centimètres cubes de la solution d'azotate d'argent préparée. Y tremper des morceaux de fil de cuivre préalablement décapés au papier émeri. Ils s'argenteront.

40. Essai d'un objet d'argent par voie humide. Dosage par la méthode de Gay-Lussac. — Cette opération a été, dans le cours, rattachée à la classe de mathématiques. Nous la décrirons donc dans les manipulations de cette classe.

Toutefois, si l'on désire l'effectuer ici, on prélèvera 20 centimètres cubes de la solution d'azotate d'argent, qui contiennent 1/5 de l'argent dissous, et on les essaiera par la méthode indiquée au § 527 (Joly et Lespieau, *Précis de chimie, lettres-mathématiques*). Il est alors nécessaire, au début des travaux sur l'argent, de rincer la capsule et les filtres avec le plus grand soin, pour qu'aucune trace d'azotate d'argent n'échappe à la dissolution, et de compléter celle-ci à 100 centimètres cubes avec une grande exactitude.

Les élèves auront occasion de voir des minerais de *plomb* ou de *cuivre argentifères* de l'*argent natif*, de l'*argyrose* et de l'*argent roché*.

CHAPITRE V

OR.

41. Solubilité dans l'eau de chlore. — Mettre un peu d'eau de chlore, de préparation récente, dans un verre à expérience. Prendre un livret d'or fin pour doreurs; sur une des pages, passer délicatement une baguette de verre très légèrement immectée : la feuille d'or restera adhérente au verre. La plonger dans l'eau de chlore et agiter jusqu'à disparition de l'or. Observer que l'eau prend alors une teinte jaune due à la présence du chlorure d'or.

On pourrait également dissoudre l'or dans l'eau bromée.

42. Solubilité dans l'eau régale. — Mettre dans un tube à essai une feuille d'or avec un peu d'acide chlorhydrique. Il ne se produit rien ni à chaud ni à froid.

Dans un autre tube opérer de même avec un égal volume d'acide azotique. Il n'y a pas plus d'action.

Verser les deux liquides dans un verre. Agiter fortement; l'or se dissout; se servir de ce liquide pour rincer les tubes afin d'enlever les dernières traces d'or qui auraient pu y rester. La solution terminée, la mélanger à celle préparée avec l'eau de chlore.

43. Propriétés du chlorure d'or. — a) *Action sur les matières organiques.* — Mettre un peu de cette liqueur dans un tube. Ajouter une solution d'une substance organique. La solution d'*acide oxalique* convient parfaitement. A froid, au bout de quelque temps, et instantanément à chaud, il se produit une précipitation d'or pulvérulent, brun violacé : le chlore a été fixé par la matière organique.

b) *Pourpre de Cassius.* — Mettre la moitié du reste de la liqueur dans un verre, ajouter un peu d'un mélange des solutions de *chlorure stanneux* et de *chlorure stannique*. Observer un précipité de couleur analogue à la précédente, employé pour la dorure sur porcelaine sous le nom de *pourpre de Cassius* et qui n'est que de l'or pulvérulent.

c) *Action sur le sulfate ferreux.* — Traiter la troisième portion par une solution de bicarbonate alcalin jusqu'à ce qu'il ne se dégage plus de gaz carbonique; faire chauffer ce liquide dans un tube à essai jusqu'à ébullition. La solution est alors alcaline. On peut le constater à l'aide d'un papier de tournesol rouge.

Si on le traite par une solution de sulfate ferreux préparée au moment même, celle-ci se transforme en sulfate ferrique sous l'influence du chlore tandis que l'or ainsi libéré se précipite comme dans la première réaction.

Les élèves verront de l'*or natif*, disséminé dans des roches diverses, tels du quartz ou du kaolin. Ils pourront examiner la teinte verte de la lumière qui a traversé une lame de verre sur laquelle on a collé une feuille d'or.

CHAPITRE VI

44. Recherche du carbone et de l'hydrogène. — *a) Calcination à l'abri de l'air.* — Si on chauffe dans un tube à essai un peu de sucre (1 à 2 gr.), celui-ci perd de l'eau qui se dépose sur les parties froides en buée, tandis que la matière se caramélise et devient de plus en plus foncée par suite de la séparation du carbone. À la fin on n'a plus qu'une matière noire, friable et légère ; c'est du charbon de sucre, variété très pure de carbone.

On démontre ainsi, dans ce corps, la présence de carbone et d'eau, partant d'hydrogène.

Les produits volatils qui se dégagent sont d'ailleurs combustibles et peuvent être allumés à l'ouverture du tube. On démontrera la présence de la vapeur d'eau dans cette flamme en la recouvrant d'un verre froid ; et aussi celle du gaz carbonique, en la recouvrant d'un verre préalablement rempli d'eau de chaux, et vidé, mais non essuyé ; l'eau de chaux qui le recouvre deviendra blanche et opaque.

b) Combustion dans l'air. — Dans une éprouvette à gaz, posée debout sur le fond, verser un peu d'eau de chaux sans mouiller les parois. Tremper un agitateur dans l'essence de térébenthine ; allumer le liquide qui reste adhérent à la flamme du Bunsen, plonger rapidement la baguette dans l'éprouvette. Observer qu'il se dépose de la buée sur les parois, ce qui prouve la présence de l'hydrogène dans l'essence, et que l'eau de chaux, agitée ensuite dans l'éprouvette, se trouble : ce qui démontre la présence du carbone.

c) Combustion à l'aide de l'oxygène fourni par un corps qui en contient, tel l'oxyde de cuivre. — Prendre de l'amidon, le chauffer dans un tube à essai, doucement, afin de chasser la vapeur d'eau qu'il peut contenir. Puis le mélanger à un égal poids d'oxyde de cuivre finement pulvérisé ; chauffer dans un tube à essai portant un bouchon et un tube à dégagement deux fois recourbé se rendant dans un cristallisoir d'eau. Recueillir le gaz qui se dégage dans un autre tube à essai. Constater que ce gaz, agité avec une pastille de potasse, est complètement absorbé, et que de la buée s'est déposée sur les parties froides de l'appareil. Avoir soin de

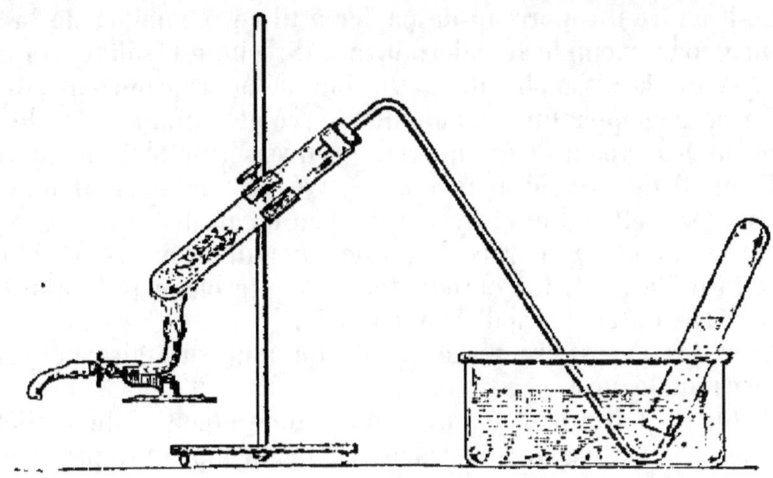

Fig. 51. — Combustion d'une matière organique avec l'oxyde de cuivre.

ne pas cesser de chauffer avant d'avoir retiré de l'eau le tube abducteur.

45. Recherche de l'azote. — a) *Par l'oxyde de cuivre.* — Dans l'appareil précédent chauffer un peu de *gluten* en poudre avec poids égal d'oxyde de cuivre, bien mélangés. Recueillir de la même manière le gaz dans un tube à essai. En agitant avec une pastille de potasse, on verra qu'une partie seulement du gaz est absorbée : donc tout n'est pas de l'acide carbonique. Le reste, non absorbable par les alcalis, mais éteignant cependant une allumette enflammée qu'on y plonge, est de l'azote.

b) *Par la chaux sodée.* — Dans un tube à essai chauffer un mélange de *gluten* en poudre et de *chaux sodée* pulvérisée. Il se dégagera du gaz ammoniac, reconnaissable à son odeur, laquelle est partiellement masquée par l'odeur de corne brûlée que donne le gluten grillé, mais plus nettement déterminée par ce qu'un papier de tournesol rouge, légèrement humecté, bleuit au voisinage de l'ouverture, et parce qu'une baguette de verre, imprégnée d'acide chlorhydrique, y donne des fumées blanches caractéristiques de sel ammoniac.

46. Recherche des halogènes. — 1° Prendre un fil de cuivre. Le chauffer dans la flamme du bec Bunsen, jusqu'à ce que la coloration verte de celle-ci soit complètement disparue. Tremper alors ce fil dans un composé organique halogéné, le *chloroforme* par exemple. Le reporter ensuite dans la flamme. La teinte verte réapparaîtra avec intensité. Ce phénomène est caractéristique de la présence du *chlore*, du *brome*, ou de l'*iode* dans le composé.

2° Prendre un morceau de papier à filtre. L'imbiber de la substance, par exemple le chloroforme. (Si elle est solide, on peut essayer de la dissoudre dans un liquide approprié combustible.) Faire de ce papier un tampon non serré et l'allumer. Au-dessus, recevoir les vapeurs dans un verre renversé, préalablement rincé à l'eau distillée, vidé mais non essuyé. La combustion une fois terminée, mettre dans le verre un peu d'eau distillée. En rincer soigneusement les parois. Y verser quelques gouttes de solution d'azotate d'argent. On obtient un **précipité blanc** présentant les caractères du chlorure d'argent (§ 54).

Avec des corps bromés et iodés on pourrait faire des expériences analogues.

Éviter de faire brûler une trop grande quantité de matière à essayer : il se dégage généralement beaucoup de vapeurs désagréables.

47. Recherche de l'oxygène. — *a)* Cette recherche vient logiquement la dernière. Dans la plupart des cas, en effet, on ne peut le déterminer qu'en dosant tous les autres éléments et en faisant la différence entre la somme de leurs poids et celui du corps initial. Il reste le poids de l'oxygène.

b) Dans le cas où il entre à l'état d'eau, on peut le chasser quelquefois par dessiccation (exemple : réaction sur le sucre, § 44) ou en faisant absorber celle-ci par un déshydratant énergique.

Expérience. — Si on met un peu de sucre en poudre au fond d'un tube et si on le couvre d'*acide sulfurique fumant*, au bout d'un instant d'agitation la masse se boursoufle brusquement et devient toute noire : c'est du charbon de sucre qui reste, l'eau ayant été absorbée par l'acide.

c) On peut aussi quelquefois le chasser à l'état de gaz carbonique ou d'oxyde de carbone.

Expériences. — On a vu (§ 97, 1re partie) que l'acide formique, chauffé avec de l'acide sulfurique, dégageait de l'oxyde de carbone; on a vu aussi que l'acide oxalique, calciné, ou chauffé avec de l'acide sulfurique, dégageait un mélange de gaz carbonique et d'oxyde de carbone (§ 96, 1re partie).

Mais ces circonstances sont exceptionnelles et dans la plupart des cas l'oxygène ne peut se mettre directement en évidence.

CHAPITRE VII

CARBURES D'HYDROGÈNE.

MÉTHANE.

48. Méthane.— Préparation.— Dans un tube à essai en verre vert serré dans la pince du support universel, introduire un mélange intime de 8 grammes d'*acétate de sodium desséché* avec 20 grammes de *chaux sodée* en poudre. Munir d'un tube abducteur se rendant sur la cuve à eau et chauffer avec la plus grande flamme que puisse donner le bec Bunsen. Recueillir des éprou-

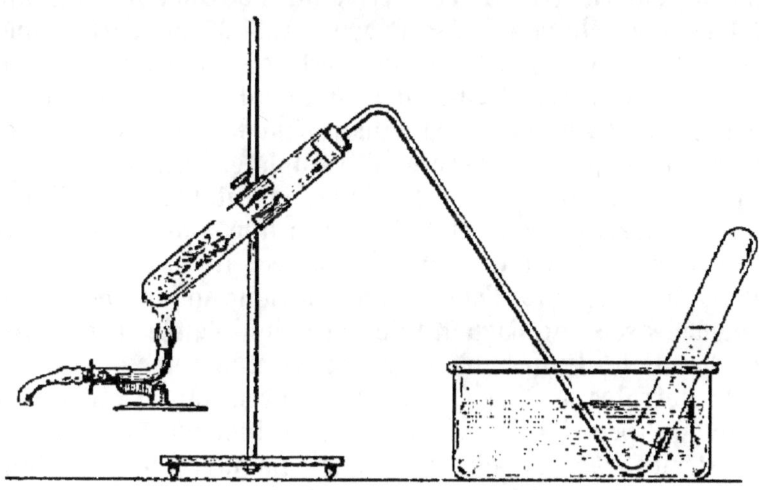

Fig. 55 — Préparation du méthane.

vettes ou des tubes à essai pleins de gaz. Prendre bien soin, ainsi que de coutume, de ne pas cesser de chauffer avant d'avoir retiré de l'eau le tube à dégagement.

Dans la chaux sodée, la soude seule agit chimiquement. Mais si elle n'était pas mélangée de chaux, elle fondrait, attaquerait le verre et se séparerait de l'acétate. La chaux l'empêche de fondre, maintient le mélange intime et permet d'éviter l'attaque du verre.

49. Propriétés physiques. — Endosmose. — Le méthane est plus dense que l'hydrogène. Toutefois, il est encore assez léger pour permettre de réaliser, avec deux éprouvettes et une feuille de papier, l'expérience décrite à propos de l'hydrogène (1re partie, § 28).

50. Propriétés chimiques. — Combustion. — Constater que le méthane brûle avec une flamme peu éclairante, et a peu de tendance à donner un dépôt de charbon. L'éprouvette se couvre de buée (résultat de la combustion de l'hydrogène), et de l'eau de chaux, agitée dans l'éprouvette après la combustion, se trouble (résultat de la combustion du carbone).

Si, dans une éprouvette, on introduit successivement deux tiers d'oxygène et un tiers de méthane, la combinaison aura lieu avec détonation à l'approche d'une flamme. Il est prudent de tenir l'éprouvette enveloppée d'un linge.

51. Propriétés chimiques. — Décomposition par le chlore. — Remplir un tube à essai ou une petite éprouvette, au tiers de son volume, avec du méthane. Puis, dans un autre tube à essai, mettre quelques grains de bioxyde de manganèse avec un peu d'acide chlorhydrique. Fermer d'un bouchon portant un tube abducteur et chauffer très doucement. Sitôt que l'atmosphère du tube est nettement colorée en vert, en conclure que l'air est chassé et envoyer le gaz chlore qui se dégage dans l'éprouvette partiellement remplie de méthane, sur la cuve à eau. Lorsque le mélange gazeux la remplit complètement, la fermer avec le pouce ou la paume de la main, la retourner et allumer ce mélange gazeux; celui-ci brûle avec une flamme éclairante et un abondant dépôt de noir de fumée. Il se dégage en même temps des vapeurs d'acide chlorhydrique qu'on peut mettre en évidence avec une baguette de verre imprégnée d'ammoniaque, qui donne des fumées blanches de sel ammoniac.

52. Pétroles. — Les élèves auront occasion de voir des échantillon de *pétroles bruts* et des principaux produits qu'on en extrait : *éther de pétrole, essence minérale, huiles légères* pour moteurs, *pétrole rectifié, huile minérale de graissage, paraffine brute et blanche, vaseline blanche et colorée, huile de vaseline, goudrons* et *coke* de pétrole.

Ils constateront qu'un peu de pétrole, versé dans une soucoupe, ne s'enflamme que très difficilement, s'il est bien rectifié. Une allumette enflammée qu'on y plonge s'y éteint. La flamme du bec Bunsen ne peut l'allumer qu'après un long contact lorsque tout le liquide est bien échauffé.

ÉTHYLÈNE.

53. Éthylène. — **Préparation.** — Dans un petit ballon de 250 centimètres cubes, mettre 12 centimètres cubes d'alcool ordinaire à 90°, y ajouter par petites portions 50 centimètres cubes d'acide sulfurique concentré en agitant constamment le petit ballon dans l'eau froide, pour éviter toute élévation de température. Enfin verser de l'huile de vaseline, ou mieux encore de la vaseline fondue, pour faire une couche de 6 à 8 millimètres d'épaisseur. Chauffer avec beaucoup de modération. L'huile a pour but d'éviter une mousse qui ferait passer la matière dans le tube à dégagement. Elle n'en supprime pas complétement la formation ni les inconvénients: mais elle les retarde suffisamment pour permettre de recueillir l'éthylène nécessaire aux expériences suivantes.

Quand cette mousse menacera de remplir le ballon, on le débouchera et il sera mis à l'écart.

Le tube abducteur se rend directement sur la cuve à eau. Dans une préparation parfaite,

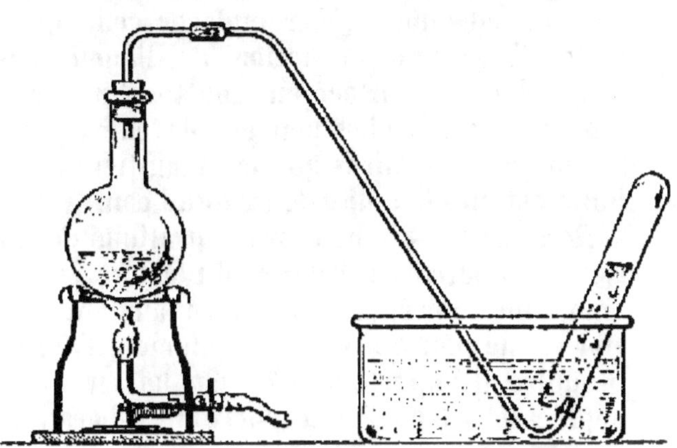

Fig. 56. — Préparation de l'éthylène.

un flacon laveur à potasse retiendrait le gaz carbonique et le gaz sulfureux produits en même temps que l'éthylène ; un laveur à acide sulfurique retiendrait l'éther. Dans cet appareil simplifié, l'eau de la cuve retiendra le gaz sulfureux ; l'éther se conduira à peu près comme l'éthylène lors des combustions dans l'air ou le chlore ; et le gaz carbonique sera en trop faible proportion pour apporter un trouble sérieux aux opérations suivantes.

On remplira d'éthylène trois ou quatre éprouvettes ou tubes à essai.

54. Propriétés chimiques. — **Action de l'oxygène.** — On fera brûler le gaz d'une éprouvette et l'on constatera que la flamme est un peu plus éclairante que celle du méthane. Les produits résultants sont d'ailleurs toujours les mêmes.

On pourrait faire un mélange tonnant, avec 1/4 d'éthylène et 3/4 d'oxygène, comme il a été indiqué pour le méthane (§ 50).

55. Action du chlore. — A l'aide du petit appareil précédemment indiqué au sujet du méthane, préparer un peu de chlore. En remplir une éprouvette aux 2/3, l'autre à la moitié.

a) Dans l'éprouvette remplie aux 2/3, introduire rapidement sur la cuve à eau le complément de son volume d'éthylène, que l'on prendra dans une éprouvette de ce gaz précédemment recueillie (§ 53).

Retourner et allumer comme pour le méthane. L'expérience est analogue, mais le dépôt de noir de fumée est plus abondant.

b) Dans l'éprouvette à demi remplie de chlore, achever de remplir de la même manière avec de l'éthylène. Conserver sur une soucoupe pleine d'eau. Exposer à la lumière diffuse, et observer que le niveau intérieur s'élève; avoir soin de verser de l'eau dans la soucoupe pour remplacer celle qui va remplir l'éprouvette. Observer la formation de liqueur des Hollandais, qui se rassemble à la surface en gouttes huileuses. Ces gouttes tombent au fond si elles peuvent devenir assez grosses pour vaincre les forces capillaires qui les maintiennent à la surface; cette huile est en effet plus dense que l'eau.

Remarque. — Nous croyons pratique de grouper les trois expériences relatives à l'action du chlore sur le méthane et l'éthylène, afin de préparer ce chlore pendant le moins de temps possible et de pouvoir vider rapidement l'appareil qui a servi à le produire. Il importe de n'en pas laisser se répandre une quantité appréciable dans l'atmosphère du laboratoire.

ACÉTYLÈNE.

56. Acétylène. — **Préparation du réactif chlorure cuivreux ammoniacal.** — Se reporter à la manipulation sur le cuivre (§ 23, *c*). Préparer le chlorure cuivreux et le dissoudre dans l'ammoniaque ainsi qu'il y est dit. Il importe que cette solution soit faite au moment de s'en servir si l'on veut un réactif parfaitement sensible. Mais le chlorure cuivreux lui-même peut sans inconvénient être préparé à l'avance.

57. Préparation de l'acétylène par le carbure de calcium. — Préparer un petit générateur comprenant un col droit de 250 fermé d'un bouchon à deux trous, lequel porte un tube à dégagement, et un tube à entonnoir muni d'un robinet. Introduire dans le flacon 20 à 30 grammes de *carbure de calcium* en grains;

laisser tomber l'eau goutte à goutte ; le dégagement gazeux, très violent aux premières gouttes d'eau, se régularise dans la suite, à mesure que le carbure de calcium noir se transforme en chaux éteinte blanche.

En remplir trois petites éprouvettes ou tubes à essai.

58. Propriétés de l'acétylène.— a) *Combustion.*— Enflammer le gaz d'une des éprouvettes, observer la flamme très éclairante et l'abondant dépôt de charbon. On peut, comme de coutume, vérifier avec l'eau de chaux la production du gaz carbonique, et constater le dépôt de vapeur d'eau.

Dans une éprouvette contenant 2/7 de son volume d'acétylène et 5/7 d'oxygène on peut faire un mélange tonnant ainsi qu'il a été indiqué au § 50.

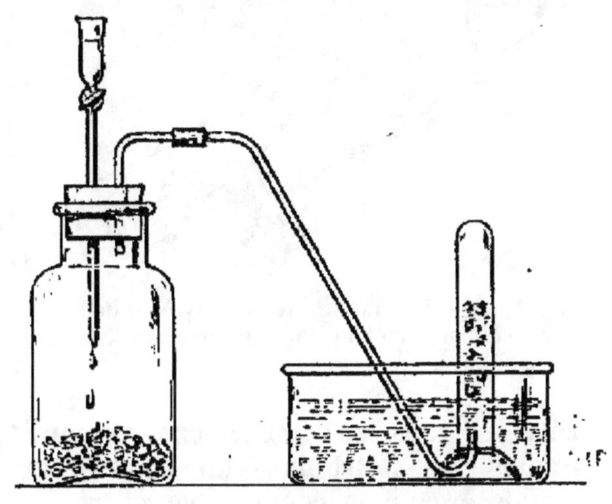

Fig. 57. — Préparation de l'acétylène.

b) *Action sur le chlorure cuivreux ammoniacal.* — Verser quelques gouttes du réactif dans une éprouvette d'acétylène. Le faire couler sur les parois. Il perd sa couleur bleue et devient rouge foncé par suite de la production d'*acétylure cuivreux.*

c) *Action sur l'azotate d'argent ammoniacal limite.* — Préparer le réactif ainsi qu'il est indiqué à la manipulation sur l'argent (§ 57). Le verser dans une éprouvette d'acétylène, agiter, et observer le trouble jaune, puis brun, résultant de la formation d'acétylure d'argent.

Dans ces deux expériences observer l'odeur alliacée de l'acétylène, due surtout à ses impuretés.

d) *Solubilité de l'acétylène.* — Observer que le réactif cuivreux ammoniacal, versé dans l'eau du cristallisoir qui a servi à remplir les éprouvettes d'acétylène, y donne une coloration rouge, montrant la présence de l'acétylène dissous.

e) *Action sur le permanganate de potassium.* — Remplacer le tube abducteur du petit générateur par un tube simplement coudé à angle droit. Envoyer l'acétylène dans un verre contenant du *permanganate de potassium* en solution étendue (50 cent timètres cubes à 2 pour 1000), additionné d'un peu d'acide sulfurique ou chlorhydrique. Au bout de quelques minutes la liqueur sera complètement décolorée ; l'acétylène aura été oxydé, pendant que le sel était réduit.

f) Action sur le chlore. — Dans une petite éprouvette mettre un peu d'eau de chlore fraîchement préparée, y laisser tomber un fragment de carbure de calcium. L'acétylène produit est détruit par le chlore avec flamme jaune et dépôt de charbon.

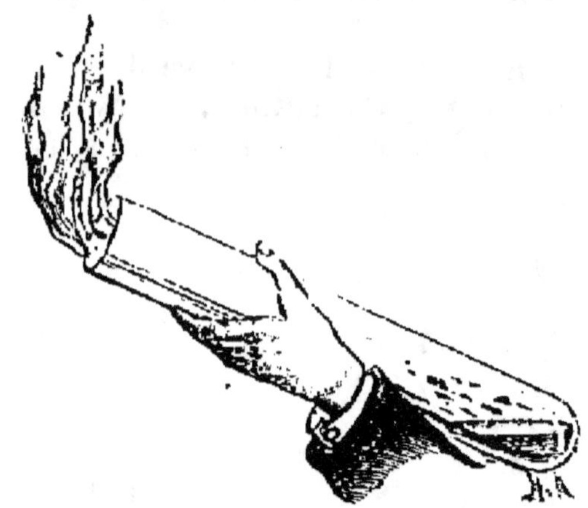

Fig. 58. — Formation de l'acétylène dans les combustions incomplètes des matières organiques.

59. Formation de l'acétylène dans les combustions incomplètes des matières organiques. — Mettre dans une éprouvette quelques gouttes d'un liquide organique combustible et volatil, tel de l'*éther ordinaire*, puis du réactif cuivreux ammoniacal en mêmes proportions. Agiter dans l'éprouvette et allumer. Tenir l'éprouvette à peu près horizontale en la tournant autour de son axe pour faire couler la liqueur sur les parois. Observer la teinte rouge que prend le réactif, particulièrement dans les régions profondes, c'est-à-dire celles où, l'air arrivant le moins aisément, la combustion est le moins complète.

60. Présence de l'acétylène dans le gaz d'éclairage. — Prendre un petit flacon laveur de 100 centimètres cubes, mettre au fond une couche d'un ou deux centimètres de réactif cuivreux ammoniacal. Le tube d'arrivée plonge jusqu'au fond et communique

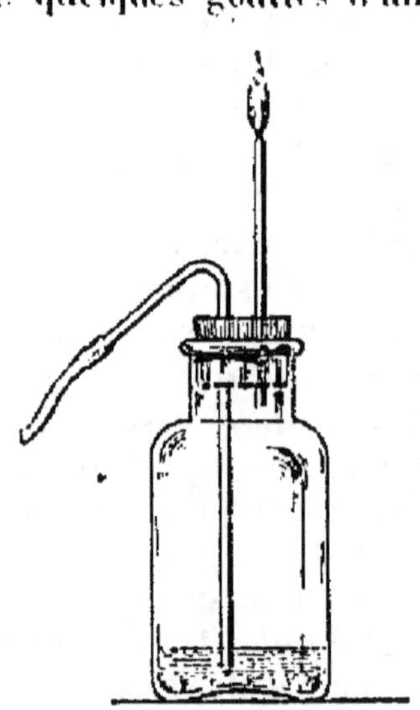

Fig. 59. — Acétylène dans le gaz d'éclairage.

avec le caoutchouc qui amène le gaz d'éclairage. Le tube de départ est effilé verticalement.

On y fait barboter un courant de gaz. On s'assure, par le procédé ordinaire, que le flacon est purgé d'air et l'on allume le gaz à la sortie, pour éviter sa diffusion dans l'atmosphère.

Au bout de quelques instants, assez difficilement, on verra apparaître la teinte rouge caractéristique, ce qui démontre que le gaz contient une faible proportion d'acétylène.

GAZ DE L'ÉCLAIRAGE.

61. Gaz de l'éclairage. — Préparation par distillation de la houille. — Dans un tube à essai en verre vert, serré par la pince du support, introduire 7 à 8 grammes de bonne *houille grasse* finement pulvérisée. Fermer d'un bouchon portant un tube simplement courbé. Chauffer avec le bec Bunsen à pleine flamme. Constater, sur les gaz qui se dégagent, quelques propriétés remarquables.

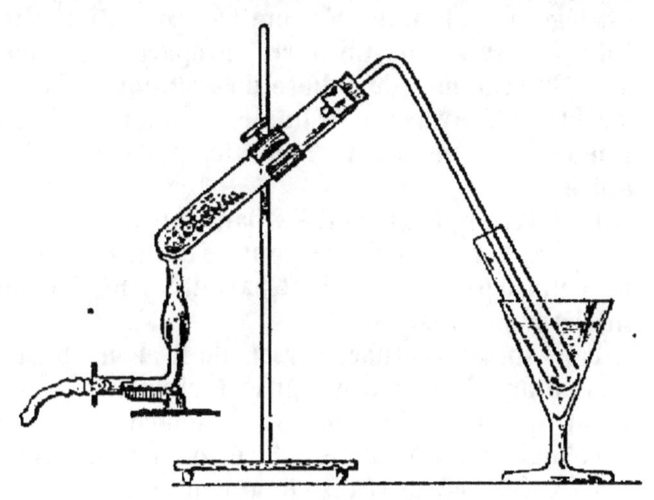

Fig. 60. — Appareil à distillation de la houille.

a) Un papier à acétate de plomb légèrement humecté et présenté à l'ouverture du tube se marque d'une tache noire démontrant la présence de l'hydrogène sulfuré ou de ses dérivés.

b) Un papier teinté par du tournesol rouge donnera, dans les mêmes circonstances, une tache bleue indiquant la présence de l'ammoniaque.

c) Des goudrons se condensent, sous forme d'un enduit brun, dans le tube à dégagement froid. On peut en recueillir dans un tube à essai entouré d'eau froide au fond duquel on fait arriver le tube abducteur.

Il est très important de remarquer que ces trois expériences, exécutées sur le gaz d'éclairage fourni par la conduite du laboratoire, sont négatives. Les différents produits décelés ont donc été retenus par l'épuration.

62. Mélange tonnant. — Si, dans une éprouvette, on fait un mélange de gaz d'éclairage et d'oxygène, dans la proportion approximative de 0 d'oxygène pour 5 de gaz, on obtient un mélange qui détonera à l'approche d'une flamme, ainsi qu'il a été indiqué au § 50.

BENZINE.

65. Benzine. — Propriétés physiques et combustion. —
a) *Cristallisation.* — Prendre de la *benzine pure* dite *cristallisable*, qui peut se congeler à 0°. Observer qu'elle est incolore, d'odeur plutôt agréable, tandis que la benzine ordinaire sent mauvais et est légèrement jaune. En mettre 5 centimètres cubes dans un tube à essai. Dans un verre, préparer un mélange réfrigérant avec 80 grammes de sulfate de sodium et 50 centimètres cubes d'acide chlorhydrique ordinaire. Y plonger le tube à benzine et remuer doucement. Au bout de quelques instants, elle est solidifiée.

b) *Pouvoir dissolvant.* — Dans un tube contenant un peu de benzine, verser quelques gouttes d'une huile quelconque. Agiter : les deux liquides se mêlent parfaitement. La benzine dissout les matières grasses.

Dans un autre tube, verser de la benzine avec deux ou trois fois autant d'eau iodée. Agiter fortement. La benzine, primitivement incolore, est *devenue* rose violacé : l'eau, d'abord rousse, est décolorée. La benzine a enlevé, pour le dissoudre, l'iode à l'eau.

L'expérience se réalise de même avec de l'eau bromée.

c) *Combustion.* — Mettre quelques gouttes de benzine dans une soucoupe. Allumer. La benzine brûle avec une flamme éclairante et fumeuse, et un dépôt de noir de fumée ; enfin avec production de vapeur d'eau et de gaz carbonique, que l'on peut déceler par les moyens ordinaires.

64. Préparation de la mononitrobenzine. — Dans un tube à essai, refroidi par le mélange réfrigérant préparé précédemment, ou simplement par de l'eau froide, mettre 5 centimètres cubes d'un mélange à volumes égaux d'acide azotique fumant et d'acide sulfurique concentré. A l'aide d'un tube effilé, constituant une petite pipette, y introduire par petites fractions un égal volume de benzine. Chaque goutte de benzine, au début surtout, provoque une réaction vive avec élévation de température et formation d'un produit rouge. Agiter chaque fois, avec précaution, pour ne pas briser le tube contre les parois du verre : la température redevient normale, le produit rouge disparaît dans la masse.

Quand toute la benzine a été ajoutée, verser dans un verre d'eau froide. S'il y a de la benzine non employée, elle monte à la surface : les acides non utilisés restent dans l'eau, et au fond on trouve un liquide jaune, huileux, présentant une forte odeur d'amandes amères. C'est l'*essence de mirbane* ou *mononitrobenzine*. Pour l'avoir propre, on décante plusieurs fois le liquide surnageant, remplaçant chaque fois le liquide éliminé par de l'eau pure et agitant fortement.

Il importe d'opérer avec les précautions indiquées et surtout d'ajouter toute la benzine. Autrement on risquerait d'obtenir, en totalité ou en partie, de la *binitrobenzine*, solide, et ne présentant pas l'odeur caractéristique d'amandes amères.

65. Synthèse de la benzine. — Prendre une cloche courbe. C'est un tube en verre vert d'assez fort diamètre (15 mm. environ), courbé à angle d'environ 110 degrés, dont la plus petite branche est fermée. On le remplit d'acétylène, à la façon des éprouvettes, et on le conserve

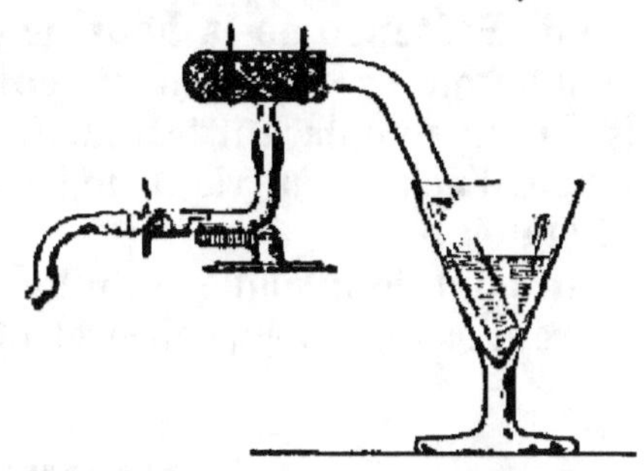

Fig. 61. — Synthèse de la benzine.

sur un verre à moitié plein d'eau. Le niveau intérieur de l'eau est à peu près à mi-distance du niveau extérieur et de la courbure. On le marque avec un petit fragment de papier gommé pour mieux suivre les variations de volume.

La petite branche horizontale est alors enveloppée de toile métallique maintenue par deux colliers de fil de cuivre. Le tube étant bien sec, on commence par chauffer à pleine flamme la partie enveloppée.

On prendra soin de déplacer lentement la flamme en lui faisant chauffer successivement toutes les parties de la gaine de toile métallique, afin d'éviter le ramollissement et la déformation du tube.

L'opération est assez longue. Un quart d'heure au moins. Tout d'abord le niveau intérieur baisse : sous l'action de la chaleur le gaz se dilate, puis il devient fixe et enfin remonte. C'est la *polymérisation* qui commence. Lorsque le niveau se trouve dans le voisinage de la courbure, on s'arrête, car le contact de l'eau et de la partie chauffée provoquerait infailliblement la rupture du tube.

L'appareil se refroidit, le niveau monte encore un peu par suite de la contraction du gaz.

La cloche contient alors des liquides bruns, goudronneux, qui sont des polymères de l'acétylène parmi lesquels se trouve la benzine.

On enlève la gaine, et sitôt qu'on peut toucher le tube, on le retire de l'eau en le soulevant, sans faire couler le liquide de la partie horizontale, s'il s'en trouve.

On retourne l'appareil et l'on y verse quelques gouttes du mélange d'acide azotique fumant et sulfurique concentré précédemment indiqué. Il faut bien agiter pour rincer les parois avec ce liquide. On doit percevoir l'odeur d'essence de mirbane caractéristique de la nitrobenzine. C'est le réactif ordinaire de la benzine.

66. Présence de la benzine dans le gaz d'éclairage. — Opérer comme on l'a fait pour y démontrer la présence de l'acétylène (§ 60) en remplaçant le réactif cuivreux ammoniacal par le mélange d'acides qui vient de servir dans les deux opérations précédentes.

Au bout de quelques minutes de passage, verser dans un demi-verre d'eau distillée, agiter et observer l'odeur d'amandes amères.

NAPHTALINE.

67. Naphtaline. — Sublimation. — Mettre de la *naphtaline brute*, de couleur noirâtre, dans un têt à rôtir de grande dimension (16 cm. de diamètre). Il est préférable de placer la naphtaline dans une soucoupe ou une coupelle de porcelaine et de mettre celle-ci dans le têt. Grâce à cet artifice, la naphtaline ne peut traverser la paroi du têt, ce qui arrive infailliblement s'il sert plus d'une fois à cet usage. On le couvrira avec un disque en papier à filtre assez fort, dépassant le têt de 2 centimètres ; le papier à sirop convient très bien. Puis on surmontera le système d'un entonnoir en verre, renversé, dont on a fermé la tubulure à l'aide d'un petit bouchon de liège, et dont les bords reposent exactement sur ceux du têt.

Le têt étant posé sur le support du bec Bunsen, on chauffe à petite flamme : les vapeurs de naphtaline traversent le papier et viennent se condenser dans l'entonnoir en paillettes cristallines nacrées. Veiller à ce que le dégagement soit très lent. Au bout de 15 à 20 minutes, éteindre, laisser refroidir, puis réunir les cristaux sur une feuille de papier à filtre.

68. Propriétés physiques de la naphtaline. — On pourra observer, outre l'aspect des cristaux, leur odeur forte particulière, leur insolubilité dans l'eau, leur solubilité dans l'alcool chaud, l'éther, le pétrole, la benzine.

Si l'on étudie ces derniers liquides, on devra opérer au fond de tubes à essai, sur très peu de matière, et en n'oubliant jamais que ces dissolvants sont volatils et inflammables.

On peut, sur l'alcool, étudier cette propriété de la manière suivante :

Un tube à essai, du diamètre ordinaire, mais d'environ 40 centimètres de long, est garni de 15 centimètres cubes d'alcool à 95° et de 5 grammes de naphtaline blanche.

D'autre part, on a disposé un petit bain-marie, constitué par un ballon de 250 centimètres cubes aux trois quarts plein d'eau, maintenu solidement sur le support du bec Bunsen à l'aide de la pince du support universel. Quand l'eau sera bien bouillante, on ôtera le feu et l'on plongera le tube dans le bain-marie. Grâce à ce procédé, la vapeur d'alcool

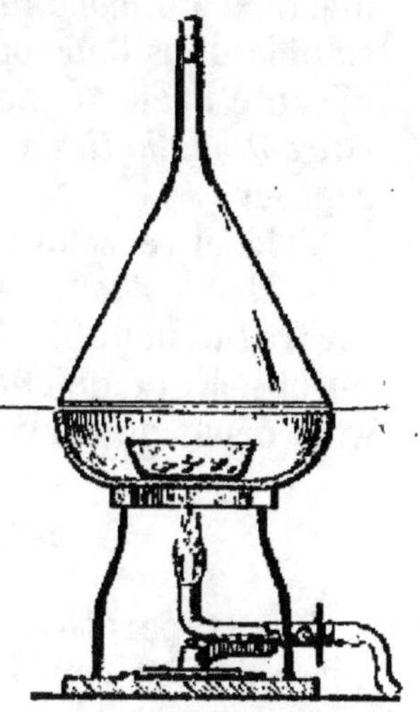

Fig. 62. — Sublimation de la naphtaline.

se condense sur les parois froides du long tube et le liquide retombe au fond. On ne risque ni déperdition, ni inflammation.

Lorsque la naphtaline a disparu, on retire le tube et l'on agite le liquide pour le rendre homogène ; puis on met à refroidir dans le porte-tube. Il se dépose, par refroidissement, de beaux cristaux de naphtaline.

69. Propriétés chimiques de la naphtaline. — *a) Action de l'acide azotique.* — Dans un tube à essai, mettre un tout petit fragment de naphtaline blanche : à l'aide d'un tube effilé, y laisser tomber quelques gouttes d'acide azotique fumant, jusqu'à ce qu'il n'y ait plus de réaction vive. Il faut

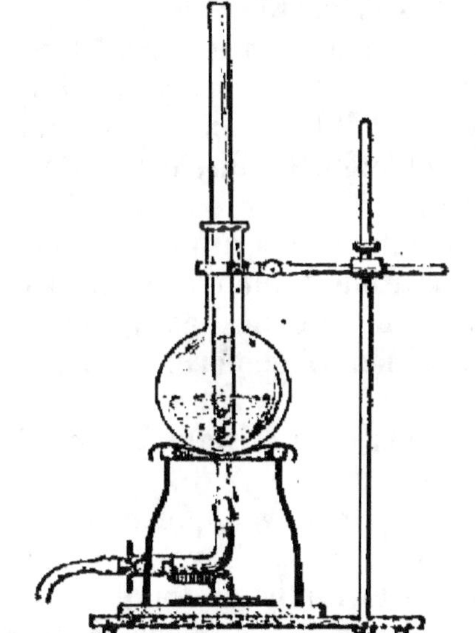

Fig. 63. — Dissolution de la naphtaline dans l'alcool chaud.

bien se garder d'opérer sans précautions ou sur une quantité de naphtaline dépassant un gramme.

On ajoute alors de l'eau pour séparer un corps solide, jaune, mélange de *mononitronaphtaline* et de *dinitronaphtaline* un peu soluble dans l'alcool. Pour constater cette dernière propriété, on décante l'eau soigneusement, et sur le solide restant on verse de l'*alcool méthylique* ou *éthylique*. On agite fortement et on laisse reposer.

L'alcool se colore fortement en jaune.

b) Combustion. — En brûlant, au bout d'une baguette de verre, un fragment de naphtaline plongé dans la flamme du bec Bunsen, on observera qu'elle rend cette flamme éclairante et fumeuse, avec dépôt de charbon.

DÉRIVÉS HALOGÉNÉS.

70. Préparation de l'iodoforme. — Dans un petit ballon de verre de 250 centimètres cubes dissoudre 6 grammes de carbonate de soude pur dans 30 grammes d'eau distillée, en chauffant jusqu'à disparition complète du produit.

Filtrer s'il est utile, et ajouter 10 centimètres cubes d'alcool à 90°. Il se forme deux couches qui se séparent au repos, les liquides étant clairs, et qui se mêlent par agitation avec trouble. (Les carbonates alcalins sont insolubles dans l'alcool.)

Pulvériser finement trois ou quatre grammes d'*iode* en paillettes. Les ajouter, par très petites portions, au liquide, en agitant fortement chaque fois, jusqu'à ce que la teinte brune, provoquée par l'introduction de l'iode, soit complétement disparue. Alors seulement ajouter la portion suivante.

Si la coloration brune est trop longue à disparaître, ce qui arrivera en particulier à la fin de l'opération, remettre un instant sur la flamme mais en ayant grand soin de ne pas atteindre l'ébullition : si l'on y arrivait, l'alcool, et même l'iodoforme préparé, pourraient se volatiliser.

Par refroidissement, l'iodoforme se sépare en cristaux jaunes, à odeur forte, très pénétrante et caractéristique.

71. Propriétés du chloroforme. — *a)* Observer que c'est un liquide incolore, d'une odeur fine et agréable. Agité avec de l'eau, dans un tube à essai, il ne s'y mêle pas et tombe au fond.

Si l'eau est saturée d'iode ou de brome, il se colorera par l'agitation, en prenant l'iode ou le brome, et laissera l'eau décolorée.

b) Combustion. — Le chloroforme brûle difficilement. On a pu (§ 46) le faire brûler sur un tampon de papier à filtre. On peut encore le faire bouillir dans un tube à essai et enflammer sa vapeur en plongeant l'ouverture du tube dans la flamme du bec Bunsen. Dans tous les cas, on observera que la flamme est bordée d'une frange verte.

c) Bien que ce soit un composé chloré, il ne précipite pas directement par l'azotate d'argent. On peut cependant précipiter son chlore, à l'état de chlorure d'argent, de la manière suivante.

Faisons dissoudre un fragment de potasse caustique dans l'alcool à 90°. Nous obtenons ainsi la *potasse alcoolique*.

Si nous mettons dans un tube à essai deux à trois centimètres cubes de chloroforme avec autant de potasse alcoolique, et si nous chauffons, il se produira une ébullition rapide et le liquide se troublera. Pendant quelques instants on laissera la réaction se continuer hors de la flamme, chauffant encore un peu chaque fois qu'elle semblera se ralentir.

Il se forme ainsi un mélange de chlorure et de formiate de potassium. On ajoutera alors un égal volume d'eau; le chloroforme non attaqué se séparera, et l'on décantera le liquide surnageant dans deux tubes à essai.

Si l'on verse l'azotate d'argent dans un de ces tubes, on obtiendra un mélange de chlorure et de formiate d'argent, noirci par de l'oxyde d'argent, lequel est précipité par l'excès de potasse non utilisé. Ces trois corps sont d'ailleurs dissous par l'ammoniaque, ce que l'on vérifiera; il ne reste qu'une légère trace brune provenant d'un commencement de réduction du formiate.

Dans l'autre tube, pour obtenir le chlorure d'argent pur, on neutralisera la potasse en excès. Pour cela, on ajoutera à la liqueur primitive un peu de *phtaléine du phénol* qui donne une teinte violette aux liqueurs alcalines. Puis, ajoutant peu à peu de l'acide azotique étendu, on fera disparaître cette teinte. La liqueur est alors acide. Dans ces conditions, il n'y a plus de potasse libre pour précipiter l'oxyde d'argent. Quant au formiate, il est soluble dans l'acide azotique et ne peut précipiter en présence d'un petit excès de cet acide. Nous aurons donc, en traitant par l'azotate d'argent, un précipité blanc de chlorure d'argent pur, présentant les caractères indiqués au § 54.

CHAPITRE VIII

HYDRATES DE CARBONE.

CELLULOSE. — AMIDON. — DEXTRINE.

72. Solubilité de la cellulose. — Préparation de la liqueur de Schweitzer. — Se reporter à la manipulation sur le cuivre (§ 29).

73. Préparation des celluloses nitrées. — Dans un flacon à large ouverture, bouché à l'émeri, de 250 ou 500 centimètres cubes, verser 100 centimètres cubes d'un mélange d'acide azotique fumant avec deux fois son volume d'acide sulfurique concentré. Y introduire quelques flocons de *coton hydrophile* et quelques bandes de *papier Berzélius* (papier non collé d'un grain très fin). Boucher soigneusement et agiter le flacon afin de bien mouiller le coton et le papier avec le liquide : il importe, dans toutes ces opérations, d'éviter le contact du mélange d'acide avec les doigts ou les vêtements : il est excessivement corrosif et fait sur l'épiderme de douloureuses brûlures.

Après quinze à vingt minutes d'action, pendant lesquelles on aura eu grand soin de secouer de temps à autre le flacon pour renouveler les contacts, on décantera avec précaution le mélange d'acide dans une terrine, conservant avec la *nitro-cellulose* le moins possible de liquide. Puis on remplira le flacon d'eau, rapidement, afin d'éviter le dégagement de vapeurs nitreuses, et, ne conservant qu'une partie de cette eau, on agitera vigoureusement le flacon bien bouché pour rincer le produit. L'eau sera renouvelée et le lavage sera réitéré à plusieurs reprises, jusqu'à ce que le coton, légèrement goûté, n'ait plus aucune saveur acide, ou ne rougisse plus un papier bleu de tournesol sur lequel on le pose.

Alors le coton sera pressé pour en exprimer l'eau, et mis avec les bandes de papier entre des feuilles de buvard qui serviront à les éponger. Pendant ce temps, on aura pris soin de chauffer une brique sur le fourneau à gaz; toutefois elle ne doit pas être trop chaude. Il faut pouvoir la toucher du doigt sans se brûler.

On la couvre d'une petite feuille de buvard sur laquelle on dispose les bandes de papier et le coton soigneusement effiloché; en flocons serrés, il sécherait mal. Une fois sec, le coton a pris un toucher rude et le papier un aspect parcheminé. Allumés, ils doivent brûler rapidement et sans laisser la moindre cendre : sur la paume de la main, ils flambent sans produire de sensation de brûlure, en raison de la rapidité de la combustion et de l'absence de résidus chauds; mais cette expérience ne doit être tentée qu'avec un produit de bonne qualité. S'il était insuffisamment séché, sa combustion serait lente et la brûlure se ferait sentir.

Dans un tube à essai, assez épais et bien sec, mettre un peu de *fulmicoton* ou de *papier fulminant*. Fermer d'un bouchon de liège qui puisse entrer et sortir sans effort. Chauffer le tube à l'endroit où se trouve la matière : au bout de quelques instants, elle se décompose en dégageant d'abondantes matières gazeuses, parmi lesquelles des vapeurs nitreuses parfaitement visibles dans le tube, et le bouchon est chassé avec une légère détonation.

74. Coton azotique soluble. — Collodion. — Le coton azotique précédent est insoluble dans un mélange d'alcool et d'éther. Mais en faisant varier les proportions d'acides et les conditions de l'expérience on modifie les propriétés du produit.

Par exemple, un mélange de 40 centimètres cubes d'acide azotique pur du commerce (de densité 1,42) avec 60 centimètres cubes d'acide sulfurique permettra de transformer 5 grammes de coton en fulmicoton soluble. Il suffira de le laisser digérer pendant douze minutes, quinze au plus, de le laver et de le sécher par les procédés précédemment exposés.

Une fois bien sec, on en met 1 gramme environ dans un flacon de 150 centimètres cubes avec 75 centimètres cubes d'éther. On agite longuement pour bien mouiller le coton azotique. Après quoi on ajoute, en agitant souvent, 20 centimètres cubes d'alcool à 95°. Le coton disparaît peu à peu.

Cette solution est du *collodion*. Versé sur une lame de verre et répandu en couche mince et égale sur sa surface, il fournit une pellicule solide, transparente, se détachant assez facilement.

Pour lui donner plus de souplesse et de cohésion, on peut l'additionner de 7 pour 100 d'*huile de ricin*. On obtient le *collodion riciné*, avec lequel on peut faire de petites ampoules. Le procédé le meilleur pour arriver à ce résultat est le suivant.

Dans un petit ballon de verre bien propre et sec, on verse un peu de collodion riciné; on le fait couler sur toute la surface intérieure de la paroi afin d'en faire une couche bien continue;

puis on met à égoutter et à sécher en posant le ballon sur l'anneau d'un support, l'ouverture en bas.

Au bout d'une heure, on écarte doucement le bord de la pellicule formée de celui du col du ballon. Entre les deux, on verse avec précaution un peu d'eau aiguisée d'acide chlorhydrique; on fait alors rouler cette bulle de liquide tout autour du ballon afin d'en séparer le collodion. Dans l'axe du col, on maintient un tube de verre autour duquel s'enroule la petite poche de collodion.

Ces poches peuvent être avantageusement utilisées pour contenir des mélanges gazeux détonants. Il suffit de les remplir après en avoir fixé le col autour d'un ajutage de porcelaine où aboutissent les deux fils d'une bobine de Ruhmkorff. Plus simplement, après les avoir remplies par le tube de verre, on peut ligaturer l'ouverture, et allumer en un point pour provoquer la détonation.

75. Amidon. — **Extraction de la farine.** — Faire une pâte homogène avec 20 grammes de farine et un peu d'eau. Pour cela,

mettre une petite portion de cette farine en réserve et mêler le reste avec l'eau dans une soucoupe.

Enduire ses doigts de farine sèche, prendre la pâte, la pétrir en la roulant de temps en temps dans la farine jusqu'à ce qu'elle n'adhère plus aux doigts. Parachever le pétrissage, et régler un mince filet d'eau, coulant au-dessus d'un tamis de crin serré, lequel

Fig. 64. — Amidon.

est posé sur un cristallisoir. Malaxer alors la pâte sous ce filet d'eau, qui entraîne l'amidon. Le gluten reste entre les doigts. Les fragments de gluten qui auraient pu être entraînés sont retenus par le tamis.

On aura ainsi séparé la farine en deux substances : l'*amidon*, que l'on trouve dans l'eau, à laquelle il ne se mêle pas et au fond de laquelle il se dépose après repos, et le *gluten*, matière plastique, élastique, jaune, qui reste entre les doigts, que nous avons reconnue (§ 45) pour une matière azotée.

Les élèves auront occasion de voir de l'amidon commercial en aiguilles, et de la fécule dont ils apprécieront le craquement spécial lorsqu'on la frotte entre le pouce et l'index.

Ils examineront au microscope des grains d'amidon et de fécule; les grains d'amidon de la figure ont un grossissement de 700 diamètres environ. Il faut 150 diamètres pour apercevoir le *hile*. Les grains de fécule sont beaucoup plus gros.

On mettra une pincée d'amidon frais sur une lamelle de verre; après avoir soufflé dessus, fortement, pour ne conserver que les grains qui adhèrent au verre, on laisse tomber une goutte d'eau iodée et on l'égoutte en secouant violemment la lame. Puis on pose par-dessus une lame mince et l'on fixe sur le porte-objet.

76. Extraction de la fécule des pommes de terre. — Peler une grosse pomme de terre et la frotter sur une râpe ordinaire disposée sous le filet d'eau précédent. La râpe est posée sur le tamis et le tamis dans son cristallisoir. La fécule se retrouve dans l'eau tandis que le tamis retient les débris de cellulose.

77. Empois d'amidon. — **Réactif.** — Dans un tube à essai, mettre extrèmement peu d'amidon, gros comme un pois. Remplir à moitié d'eau; chauffer jusqu'à l'ébullition et laisser refroidir.

Dans un verre d'eau distillée, mettre quelques gouttes de ce liquide. Ajouter un peu d'*eau iodée*. Constater la teinte bleue caractéristique qui se développe et apprécier la sensibilité de ce réactif en opérant sur des solution très étendues.

Mettre de ce liquide bleu dans un tube à essai. Chauffer. Observer que la teinte bleue disparait. Mettre le tube dans le porte-tube. Laisser refroidir. La teinte bleue reparaîtra. On peut répéter plusieurs fois ces deux réactions jusqu'à complète volatilisation de l'iode.

78. Dextrine. — **Propriétés.** — Dissoudre à froid, dans un verre, environ 1 gramme de dextrine commerciale dans une centaine de grammes d'eau. Constater que la dissolution est assez facile et développe l'odeur de pain grillé de la dextrine.

Filtrer cette solution. En mettre dans deux tubes.

Dans le premier faire agir l'*eau iodée*. Constater qu'elle donne une coloration rouge violacé, disparaissant à chaud et reparaissant par refroidissement.

Dans le second verser de l'alcool, et constater qu'il précipite la dextrine de sa solution aqueuse, sous forme d'une masse blanche amorphe.

SUCRES.

79. Glucose. — Propriétés. — 1° Constater que le glucose est soluble dans l'eau en dissolvant 10 grammes de cette substance dans 100 grammes d'eau, à froid.

2° Dans un tube à essai mettre 7 à 8 centimètres cubes de cette solution avec un peu de *potasse* dissoute dans l'eau. Observer que, même à froid, le mélange jaunit, et qu'à chaud la teinte devient brune.

3° Constater que le glucose est sans action sur l'*eau iodée*.

4° Argenter un tube en opérant exactement comme il a été dit au § 37. Mais, au lieu d'ajouter de l'acide tartrique à la solution d'azotate d'argent ammoniacal limite, verser un peu de la solution de glucose précédente. Ne pas s'inquiéter du léger trouble produit, et chauffer au bain-marie sans filtrer.

80. Réactif principal. — Préparation et propriété de la liqueur de Fehling. — Il existe plusieurs formules de ce réactif. Nous préférons la formule de Pasteur qui donne un produit à peu près inaltérable.

1° Faire dissoudre dans 200 grammes d'eau environ : 40 grammes de sulfate de cuivre cristallisé non effleuri.

2° Faire dissoudre dans 500 grammes d'eau environ : 150 grammes de soude caustique en plaques ; 80 grammes de potasse caustique en plaques et 105 grammes d'acide tartrique granulé.

3° Verser doucement la solution de sulfate de cuivre dans l'autre. Compléter à un litre à 15° dans une carafe graduée.

Si les produits employés sont convenablement purs, ce qui est désirable, il n'est pas utile de filtrer (on ne pourrait en tous cas filtrer sur le papier, seuls l'amiante ou le coton de verre pourraient convenir). Dans un tube à essai chauffer un peu de cette liqueur jusqu'à ébullition. Si elle est de bonne qualité, elle ne doit donner aucun précipité. Alors on y verse la solution de glucose : il se forme un trouble verdâtre, puis jaune, et enfin un précipité d'*oxyde cuivreux* rouge.

Si l'on ajoute une quantité suffisante de glucose, en maintenant toujours l'ébullition, la coloration bleue de la liqueur disparaît complètement et le précipité devient rouge très franc. C'est le principe du dosage du glucose à l'aide de la liqueur de Fehling.

81. Transformation de l'amidon en dextrine et en glucose
La saccharification de l'amidon s'effectuera dans une capsule de

porcelaine d'un quart de litre environ contenant 150 centimètres cubes d'eau distillée avec un demi-gramme d'amidon et 5 centimètres cubes d'acide sulfurique à 20 pour 100.

Pour suivre la marche de la transformation, on garnira une dizaine de tubes à essai jusqu'au quart de leur hauteur avec de l'eau iodée.

La solution doit être chauffée à l'ébullition et maintenue à cet état sans forcer la flamme; on doit s'efforcer de conserver juste la chauffe nécessaire pour maintenir une ébullition aussi calme que possible. On évitera ainsi le charbonnage de la matière sur les bords de la capsule.

Aux premiers instants d'ébullition une prise d'essai faite à l'aide d'un petit tube effilé servant de pipette, et introduite dans l'eau iodée, donne la coloration bleue caractéristique (§ 77). Il importe que le volume de l'eau iodée soit considérable par rapport à celui de l'empois afin d'en abaisser suffisamment la température.

Au bout de quelques minutes, la teinte bleue donnée par une nouvelle prise d'essai commencera à se violacer. La transformation en dextrine commence. Lorsque celle-ci sera complète, la teinte sera franchement rose (§ 78).

Ensuite cette teinte s'affaiblira. La dextrine devient du glucose. Et enfin les prises d'essai ne modifieront plus la teinte légèrement rousse de l'eau iodée. C'est que la transformation en glucose est terminée.

Pendant l'opération, on conservera le tube effilé dans un verre d'eau afin de le laver après chaque prise d'essai.

La transformation terminée, on ajoute de la craie en poudre au liquide pour saturer l'acide sulfurique. On agite, et l'on cesse l'addition de craie quand celle-ci ne provoque plus de dégagement de gaz carbonique; on filtre alors et l'on fait l'essai, ainsi qu'il a été dit, avec la liqueur de Fehling (§ 80).

82 Sucre ordinaire. — Réactions. — Faire à froid une dissolution de 20 grammes de sucre en poudre dans 100 grammes d'eau distillée. Vérifier :

1° Que cette dissolution est sans action sur l'eau iodée;

2° Qu'elle ne brunit pas par la potasse;

5° Qu'elle est sans action sur la liqueur de Fehling.

Constater en outre les différents aspects que prend le sucre lorsqu'il est chauffé à sec (question déjà étudiée au § 44, a) ou quand on le traite par l'acide sulfurique fumant (47, b).

83 Transformation du sucre en glucose. — Interversion. — Chauffer pendant quelques instants dans un tube à essai un peu de la solution sucrée préparée précédemment avec quelques gouttes d'acide sulfurique à 20 pour 100. Séparer en deux. Constater :

1° Que la potasse donne la teinte jaune, puis brune, caractéristique du glucose. Toutefois il faut ajouter suffisamment de potasse pour saturer tout d'abord l'acide sulfurique ajouté, lequel est resté inaltéré, sa présence seule étant nécessaire pour transformer le sucre en un mélange de *glucose* et de *lévulose*;

2° Que la liqueur de Fehling, additionnée d'un petit excès de potasse donne à chaud le précipité rouge caractéristique.

Remarque. — On pourrait vérifier que le sucre non raffiné, ou *cassonade*, donne immédiatement les réactions du glucose.

84. Préparation du sucrate de chaux. — Étude de ce composé. — *a*) Traiter ce qui reste de liqueur sucrée par dix grammes de *chaux* éteinte, à froid, en agitant longuement. La chaux disparaît en grande partie, le *sucrate de calcium* étant soluble. Filtrer. Verser la liqueur limpide dans deux tubes à essai et dans un verre.

1° La liqueur chauffée dans le premier tube se prend en une masse blanche par suite de la destruction du composé; mais, par refroidissement, la combinaison se régénère.

2° Dans le second tube, quelques gouttes d'alcool à 90° ou 95° provoquent la séparation du sucrate de calcium insoluble dans les mélanges d'alcool et d'eau.

b) La combinaison du sucre et de la chaux, appliquée en industrie sucrière, y porte le nom de *défécation*. On détruit le composé par le passage d'un courant de gaz carbonique.

C'est la *carbonatation*, que nous réaliserons ici :

Soit en soufflant longuement dans le verre contenant la solution de sucrate de chaux;

Soit en y faisant passer un courant de gaz carbonique avec le petit appareil décrit au § 87 (1re partie).

Dans tous les cas, on pourra filtrer le résidu, pour séparer le carbonate de calcium précipité, et constater que le liquide clair est une solution de sucre. Pour le démontrer, on en fait deux parts : la première est sans action sur la liqueur de Fehling;

La deuxième, après un instant d'ébullition avec quelques gouttes d'acide sulfurique, précipite en rouge la liqueur de Fehling additionnée de potasse.

CHAPITRE IX

ALCOOL ÉTHYLIQUE.

85 Fermentation alcoolique. — Prendre un col droit d'un litre, muni d'un tube abducteur et d'un simple tube droit plongeant dans le liquide. Ce dernier n'est pas indispensable, mais sans lui on peut craindre de voir rentrer l'eau de la cuve dans l'appareil.

Dissoudre 40 grammes de glucose en très petits morceaux dans 150 grammes d'*eau ordinaire* en chauffant dans une capsule. Cesser de chauffer sitôt que la dissolution est complète. L'activer par agitation.

Mettre dans le col droit environ 100 centimètres cubes d'*eau ordinaire*. Ajouter la solution chaude

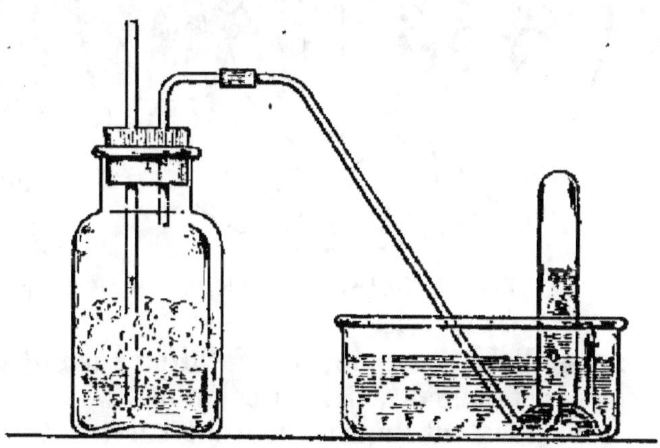

Fig. 65. — Fermentation alcoolique.

par petites portions en agitant dans le flacon pour éviter sa rupture. On doit tenir le flacon à la main sans éprouver de sensation de chaleur. Autrement, il faudrait laisser refroidir un instant.

Ajouter alors de la levure de bière fraîche, environ 10 à 20 gr. Bien agiter pour la délayer, boucher et disposer le tube à dégagement dans un cristallisoir plein d'eau.

La fermentation commence tout de suite, transformant le glucose en alcool et gaz carbonique. Les bulles se forment immédiatement, indiquant que la transformation est en marche. Une dépression légère se produit dans le récipient : l'oxygène est absorbé par le liquide et le gaz carbonique ne se dégage pas encore, l'eau n'en étant pas saturée. Quelques bulles d'air rentrent dans l'appareil par le tube de sûreté.

Après quelques minutes la pression se rétablit et le gaz carbonique se dégage. On en recueillera quelques éprouvettes qu'on caractérisera, lorsque l'air aura été convenablement chassé, parce qu'une allumette s'y éteint et que l'eau de chaux s'y trouble.

Il faut assez longtemps pour que la réaction soit entièrement terminée ; toutefois, au bout d'une demi-heure, on peut y démontrer la présence de l'alcool.

Les élèves auront occasion de voir des grains de levure au microscope. Ils sont ovoïdes et moins gros que ceux d'amidon observés au § 75.

Mettre avec l'extrême pointe d'un canif une trace de levure fraîche sur une lame de verre. Humecter de quelques gouttes d'eau, délayer et rejeter violemment tout ce qui peut s'égoutter, couvrir d'une lamelle.

On peut la contempler

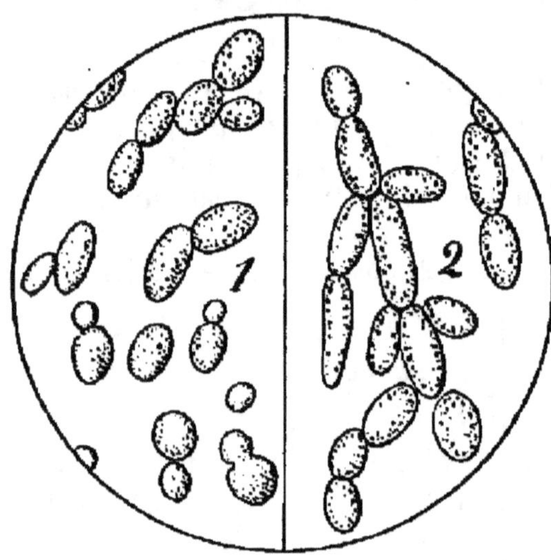

Fig. 66. — Levure de bière.

ainsi. Mais l'examen sera facilité, surtout si le microscope n'est pas très puissant, par un colorant.

Diverses substances peuvent servir. Agiter par exemple une trace d'*éosine* dans quelques centimètres cubes d'eau. Sécher la prise de levure préparée, soit à l'air, soit avec précaution sur la flamme du brûleur. Mettre une goutte de solution d'éosine, laisser macérer quelques instants : les grains se regonflent en absorbant le colorant. Puis rejeter l'excès de liquide d'un geste brusque, couvrir de la lamelle mince, et poser sur le porte-objet. Il sera plus facile ainsi d'observer la forme des grains de levure.

86. Distillation et réaction de l'alcool produit. — Pour effectuer ces opérations, on filtrera le liquide obtenu, ou *phlegme*, jusqu'à ce qu'on en ait 30 à 40 centimètres cubes ; ce qui est assez long, car ce liquide se filtre mal. Puis on le versera dans un petit ballon (250 cmc.) maintenu dans la pince d'un support, pour éviter qu'il ne bascule, et portant un tube à dégagement assez long, courbé à angle aigu et se rendant dans un tube à essai, ou mieux, dans un matras d'essayeur à long col. Ce récipient constituera un réfrigérant et sera, à cet effet, plongé dans un cristallisoir d'eau froide, dans lequel on le tournera sur lui-même autour du tube à dégagement afin de refroidir ses parois.

Le tube doit pénétrer aussi avant que possible, sans plonger toutefois dans le liquide condensé, afin d'éviter toute absorption.

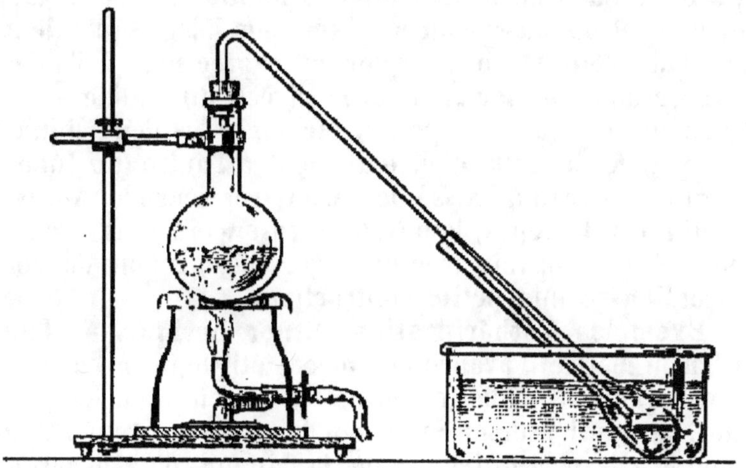

Fig. 67. — Distillation d'un mélange contenant de l'alcool.

Quand on aura 10 centimètres cubes de liquide environ, on les versera dans un tube à essai (s'ils n'y sont déjà) et on les additionnera d'un peu de carbonate de sodium en solution saturée. On chauffera sans atteindre l'ébullition et l'on ajoutera quelques parcelles d'iode finement pulvérisé, qui tout d'abord se décolorera facilement. Lorsqu'une dernière portion d'iode provoquera une coloration brune ayant quelque peine à disparaître, on chauffera tant soit peu pour l'y aider, et l'on percevra l'odeur caractéristique de l'iodoforme, tandis que quelques cristaux jaune soufre se déposeront par refroidissement.

C'est le caractère distinctif de *l'alcool éthylique*. Toutefois, d'autres corps, tel l'*acétone*, fournissent cette réaction.

87. Extraction de l'alcool éthylique du vin. — Mettre dans l'appareil précédent 50 centimètres cubes de vin rouge fort ; en distiller 10 centimètres cubes. Les mettre dans une soucoupe. Allumer avec la flamme du bec Bunsen.

Constater que le liquide a une odeur forte spéciale et brûle avec une flamme à peine colorée.

En recueillir encore 5 centimètres cubes. Y caractériser l'alcool comme précédemment par la préparation de l'iodoforme.

88. Hydratation de l'alcool. Réactif . — Ayant préparé du sulfate de cuivre anhydre comme il est indiqué au § 27, en mettre dans deux tubes à essai avec de l'alcool absolu et de l'alcool à 90°. Observer que le second seul bleuira faiblement avec le temps.

89. Contraction d'un mélange d'alcool et d'eau. — Dans un long tube fermé à un bout, mettre la moitié environ d'eau; puis ajouter de l'alcool aussi concentré que possible jusqu'à deux centimètres de l'ouverture. Marquer avec précision, à l'aide d'un petit morceau de papier gommé, le niveau du liquide.

Bouchant alors avec le pouce, mélanger les deux liquides en faisant voyager la bulle d'air d'un bout à l'autre du tube. Constater que le niveau a baissé de façon très sensible. Après quelques minutes de repos, le niveau sera encore plus bas, car le mélange, qui s'était fait avec un léger dégagement de chaleur, se refroidit avec une petite contraction.

90. Exemples d'éthérification. Éther borique. — Dans un petit flacon mettre d'avance de l'alcool éthylique avec un excès d'acide borique en paillettes, et agiter de temps en temps.

Pour s'en servir, verser cet alcool dans une soucoupe. Allumer : la flamme a l'aspect ordinaire de la flamme de l'alcool, avec à peine quelques franges vertes, caractéristiques de la formation de l'éther borique. Mais si l'on ajoute quelques gouttes d'acide sulfurique, l'éthérification est complète et la flamme est beaucoup plus nettement verte.

Si maintenant on ajoute avec précaution une solution concentrée de potasse, jusqu'à saturer l'acide sulfurique, l'alcool brûlera avec sa flamme ordinaire, dénuée de teinte verte, par suite de la *saponification* de l'éther.

91. Oxydation de l'alcool. — a) *Par l'acide chromique.* — Dans un tube à essai mettre très peu d'acide chromique en cristaux. Verser quelques gouttes d'alcool éthylique. Constater la réaction vive avec dégagement de vapeurs blanches : l'acide chromique noircit et il se développe une odeur fraîche de pommes, caractéristique de l'*aldéhyde* quelque peu mélangé d'*acide acétique*, produit de l'oxydation de l'alcool par l'acide chromique.

b) *Combustion.* — Faire brûler un peu d'alcool dans une soucoupe. Observer la production d'eau avec un verre froid et de gaz carbonique avec un verre humecté d'eau de chaux.

ALCOOL MÉTHYLIQUE.

92. Distillation du bois. — Dans un tube à essai en verre vert mettre de la sciure de bois jusqu'à mi-hauteur. Chauffer. Il se dégage d'abord de la vapeur d'eau, que l'on peut condenser sur un verre froid. Puis des vapeurs acides, qui rougissent un papier au tournesol bleu: elles contiennent surtout de l'acide acétique, ensuite, des gaz que l'on peut enflammer à l'ouverture du tube: ils contiennent de l'alcool méthylique et des matières goudronneuses dont une partie se dépose en gouttelettes brunes sur les parois du tube. Enfin la matière se carbonise complètement.

93. Purification de l'alcool méthylique. Oxalate de méthyle. — a) *Éthérification.* — Dans un très petit ballon (100 centimètres cubes) mettre 10 centimètres cubes d'alcool méthylique *ordinaire*, avec 12 grammes d'acide oxalique bien déshydraté. Munir l'appareil d'un tube à dégagement se rendant dans un tube à essai plongeant dans un vase plein d'eau bien froide. On la renouvellera d'ailleurs dès qu'elle commencera à s'échauffer.

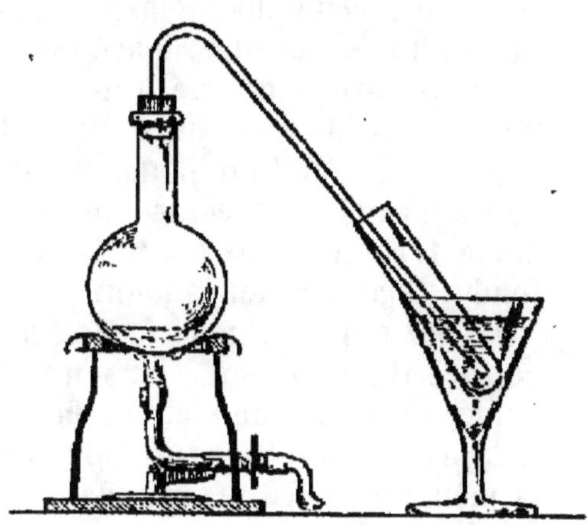

Fig. 68. — Préparation de l'oxalate de méthyle.

On mènera l'opération avec précaution pour obtenir la dissolution du solide dans le liquide, puis une ébullition non tumultueuse. Lorsqu'il ne reste plus dans le ballon qu'un très faible résidu noircissant, arrêter l'opération. Il se déposera dans le tube, par refroidissement, de beaux cristaux fibreux d'*oxalate de méthyle*. Une légère élévation de température, vers 60°, produit leur fusion dans l'excès d'alcool méthylique; ramenés à 15°, ils redonnent une masse cristalline.

b) *Saponification.* — Décanter l'alcool méthylique qui reste dans le tube et égoutter les cristaux; puis les faire passer dans le ballon convenablement nettoyé, et y ajouter une solution de potasse (5 centimètres cubes à 20 pour 100). Distiller de la même manière en recueillant le liquide condensé dans un tube à essai refroidi.

Comparer l'odeur du produit obtenu, assez pur, avec celle de l'alcool méthylique impur primitif. Brûler ce liquide dans une soucoupe.

94. Propriétés de l'alcool méthylique. — Elles sont analogues à celles de l'alcool éthylique, mais il est plus volatil. On peut refaire toutes les expériences indiquées aux § 88 (vérification de l'hydratation à l'aide du sulfate de cuivre sec), § 89 (contraction d'un mélange d'alcool méthylique et d'eau), § 91 (oxydation et combustion). Dans ce dernier cas, l'odeur du mélange *d'aldéhyde formique* et *d'acide formique* obtenu est différente de l'odeur du mélange d'aldéhyde éthylique et d'acide acétique que l'on avait préparé précédemment.

95. Chlorure de méthyle. — Dans un tube à essai mettre 2 ou 3 centimètres cubes d'alcool méthylique. Y ajouter, goutte à goutte, en agitant dans un vase d'eau froide, 6 centimètres cubes d'acide sulfurique concentré. Laisser tomber dans le mélange terminé deux ou trois fragments de chlorure de sodium fondu. Chauffer doucement.

Le gaz qui se dégage brûle avec une flamme verte, soit à l'ouverture du tube, soit dans un autre qui en aura été rempli à l'aide d'un tube abducteur (fig. 54).

Remarque. — On aurait pu préparer du chlorure d'éthyle de la même manière en remplaçant l'alcool méthylique par l'alcool éthylique. Dans ce cas, il est bon de recueillir sur l'eau tiède : le point de liquéfaction de ce gaz est en effet 12°,5.

CHAPITRE X

ACIDES DE LA SÉRIE GRASSE — CORPS GRAS. — SAVONS.

ACIDE ACÉTIQUE. — ACÉTATES.

96. Préparation de l'acide acétique. — Dans un petit ballon de 250 grammes introduire 30 centimètres cubes d'acide sulfurique concentré et 50 grammes d'*acétate de sodium sec*. Bien mélanger, fixer le ballon dans la pince d'un support, le munir d'un tube à dégagement se rendant dans un matras d'essayeur re-

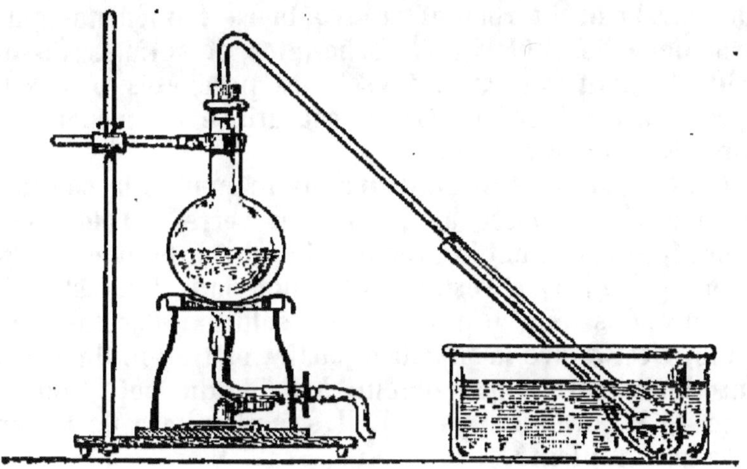

Fig. 69. — Préparation de l'acide acétique.

froidi à l'aide d'un cristallisoir plein d'eau. Le tube à dégagement doit plonger aussi avant que possible dans le matras, mais ne pas pénétrer dans le liquide condensé afin d'éviter tout danger d'absorption.

Chauffer doucement. Le mélange se liquéfie, puis l'acide distille. En recueillir 40 centimètres cubes environ.

97. Propriétés de l'acide acétique. — Constater son odeur piquante; son action nette sur le tournesol, qu'il rougit fortement, beaucoup moins nette sur l'hélianthine qu'il fait mal virer du jaune au rose.

En faire bouillir dans un tube à essai et faire brûler la vapeur qui se dégage à l'ouverture du tube. En solidifier dans un tube avec lequel on agite un mélange de 80 grammes de sulfate de sodium et 50 centimètres cubes d'acide chlorhydrique. Observer qu'ensuite il ne fond qu'à température beaucoup plus élevée. Pour ces deux expériences prendre de l'acide acétique dit *cristallisable*.

98. Préparation de l'acétate basique de plomb (extrait de Saturne). — Dans le ballon même qui servit à préparer l'acide acétique, convenablement nettoyé, mettre tout le reste de l'acide, avec assez d'eau pour faire 150 centimètres cubes. Ajouter de la *litharge* en excès, 40 grammes environ, et chauffer en agitant très souvent pour éviter qu'elle ne se prenne en masse au fond du ballon. Au bout de quelques minutes d'ébullition, filtrer dans un verre propre et sec. Constater que ce liquide est basique à l'aide d'un papier imprégné de tournesol rouge.

99. Eau blanche. — Un peu de cette solution traitée dans un tube par l'eau du robinet se troublera immédiatement; le gaz carbonique, les chlorures, carbonates et sulfates dissous dans l'eau, donnent tous avec ce sel des précipités blancs qui produisent ce trouble. Ce mélange est utilisé en médecine sous le nom d'*eau blanche*.

100. Céruse. — En soufflant dans un peu de la solution d'acétate basique disposée au fond d'un verre, à l'aide d'un tube, on produit également la précipitation du carbonate de plomb.

Pour produire ce résultat ainsi que dans l'industrie de la *céruse*, prenons tout ce qui reste de solution d'acétate basique de plomb, c'est-à-dire la majeure partie, et traitons-la par un courant de gaz carbonique obtenu à l'aide du petit appareil ordinaire (§ 87, première partie). Il se précipitera de la céruse, ou *carbonate de plomb*.

Filtrons. Il passe une solution claire d'acétate neutre de plomb, ou *sel de Saturne*. On constatera :

Que cette solution rougit un fragment de papier-réactif, au tournesol bleu ;

Que cette solution ne précipite plus par le gaz carbonique, si toutefois l'opération primitive a été suffisamment prolongée ;

Que cependant elle précipitera encore par les carbonates alcalins, ce qui se peut vérifier dans un tube à essai. Il se précipitera encore du carbonate de plomb, et il restera une solution d'acétate alcalin.

101. Préparation de l'acétate d'alumine. — Prendre ce qui reste de la solution d'acétate neutre de plomb. Y ajouter une solution d'*alun* à 10 pour 100, qui donne un abondant précipité blanc de sulfate de plomb; en verser jusqu'à ce qu'on soit certain que la précipitation est complète. Il importe d'ailleurs peu que l'alun soit en léger excès. La solution filtrée, outre cet excès d'alun, contient un mélange d'acétate d'aluminium et d'acétate de potassium.

Cette solution peut être employée à effectuer un mordançage et une teinture ainsi qu'il a été indiqué à propos des sels d'aluminium (§ 17).

102. Préparation d'un éther-sel de l'acide acétique. — **Acétate d'éthyle.** — Dans un petit ballon mettre 5 centimètres cubes d'alcool à 90°. Y ajouter avec les précautions ordinaires (§ 55) 10 centimètres cubes d'acide sulfurique. Y laisser tomber alors 10 grammes d'acétate de sodium déshydraté. Mettre un tube à dégagement se rendant dans un tube à essai ou un matras d'essayeur refroidi dans un cristallisoir d'eau, et chauffer très doucement. Il se condense un liquide d'une odeur aromatique agréable rappelant celle du bon vinaigre (figures 67 ou 68).

103. Réactions des acétates. — Traiter une solution d'acétate de sodium par du *chlorure ferrique*. Observer qu'il se forme un précipité rouge foncé devenant jaune si l'on y ajoute de l'acide chlorhydrique.

<h2 style="text-align:center">CORPS GRAS. — SAVONS.</h2>

104. Préparation d'un savon soluble. — Nous préparerons un savon à la soude. Pour y parvenir, nous chaufferons dans une capsule de porcelaine 60 centimètres cubes d'huile d'olives avec un égal volume d'eau contenant 30 grammes de soude caustique. On maintiendra à l'ébullition calme, en ne cessant pas d'agiter avec une baguette de verre, ou mieux avec une spatule de porcelaine ou de bois. Les acides gras entrent en combinaison avec la soude pour former un savon, tandis que la glycérine reste en solution.

La réaction demande beaucoup de temps pour être complète et dépasse de beaucoup la durée d'une séance de manipulations; il est nécessaire de remplacer souvent, par de l'eau bouillante, celle qui s'évapore. Pour activer la production du savon, on peut ajouter de l'alcool qui, dissolvant à la fois la soude et le corps gras, permet à la réaction de s'effectuer plus facilement.

D'ailleurs cet alcool sera peu à peu chassé par l'ébullition même.

L'opération est terminée lorsqu'une petite quantité de l'émulsion, prise à l'aide d'un tube effilé, et portée dans un tube à essai contenant de l'eau distillée, s'y dissout complètement. On a ainsi réalisé la première partie de la préparation industrielle du savon : l'*empâtage*.

La seconde partie, ou *relargage*, s'effectuera en ajoutant 25 à 50 grammes de sel marin et en continuant d'agiter : ce sel se dissout, et le savon, non soluble dans l'eau salée, se sépare et monte à la surface. On pourra l'essorer par compression entre des feuilles de buvard souvent renouvelées. On effectuera en pratique le relargage au bout d'une heure, séparant seulement le savon qui a pu se produire dans ce temps trop court pour que l'empâtage soit complet. Pendant l'opération, on percevra dès le début l'odeur de savon; on évitera de pousser l'ébullition par crainte des projections de liquide caustique et bouillant.

105. Préparation d'un savon insoluble. — Prendre 12 grammes du savon précédemment préparé, bien essoré; ou autrement 5 grammes de *savon médicinal* en petits copeaux. Chauffer jusqu'à dissolution complète dans un petit ballon de 250 centimètres cubes contenant 100 grammes d'eau. Agiter de temps à autre et constater qu'il se forme une mousse persistante, laquelle démontre que le savon est en excès par rapport aux matières salines dissoutes dans l'eau (principe de l'*hydrotimétrie*). Incidemment constater avec un papier coloré au tournesol rouge que cette solution est alcaline. Ajouter alors une solution de chlorure de baryum à 20 pour 100 en agitant constamment jusqu'à ce que cette addition supprime toute formation de mousse. Le savon soluble de soude est transformé en savon insoluble de baryum qui se précipite; la liqueur contient en solution du chlorure de sodium résultant de cette double décomposition.

106. Préparation des acides gras. — Dans un verre, étendre de l'acide sulfurique en le versant dans un égal volume d'eau. L'ajouter ensuite avec précaution au liquide du ballon, en le versant doucement sur les parois du col, par fractions successives, jusqu'à concurrence de 40 centimètres cubes de ce mélange. Agiter constamment pendant cette opération, puis chauffer pendant deux à trois minutes. L'acide décompose le savon de baryum, se précipite à l'état de sulfate de baryum et libère les acides gras qui montent à la surface. Verser le tout dans un vase en verre mince ou simplement dans des tubes à essai; les acides gras se séparent par repos et se solidifient par refroidissement en croûte superficielle.

107. Teinture alcoolique de savon. — Hydrotimétrie. — Dans un flacon bien bouché préparer à l'avance un mélange d'alcool à 90° et de savon médicinal en fins copeaux. Agiter souvent. Au moment de s'en servir, décanter, ou mieux filtrer. On versera quelques gouttes de cette teinture dans trois tubes à essai contenant :

Le premier de l'eau distillée ;

Le deuxième de l'eau ordinaire ;

Le troisième une solution concentrée de sulfate de calcium, conservée en présence d'un excès de sel.

Dans le premier cas, le savon disparaîtra et se dissoudra parfaitement.

Dans le second, il donnera un trouble plus ou moins prononcé suivant la teneur de l'eau en matières salines.

Dans le troisième, il donnera un trouble blanc très net.

Si on a eu soin de ne verser que quelques gouttes de teinture dans 1/4 de tube à essai d'eau ou de solution, et si l'on agite violemment, on aura, dans le premier cas, une mousse persistante. Dans les deux autres cas, la mousse n'apparaîtra pas. Il sera nécessaire d'ajouter à nouveau de la teinture, afin que le savon précipite la totalité des matières salines ; et c'est seulement lorsque ce résultat sera atteint que l'agitation provoquera la formation de la mousse.

C'est ainsi que l'on peut effectuer le dosage des matières salines contenues dans l'eau par la *méthode hydrotimétrique*.

108. Propriétés de la glycérine. — Dans 5 centimètres cubes d'eau verser autant de glycérine. Constater que la glycérine, plus lourde, tombe au fond, mais que, par agitation, elle se dissout.

Chauffer la moitié de ce liquide dans un tube à essai avec 3 grammes de *sulfate acide de potassium*. Constater l'odeur désagréable de l'*acroléine*, corps à fonction aldéhyde dérivée de la glycérine, dont on sent l'odeur quand des corps gras tombent sur un foyer.

109. Solubilité des corps gras. — Il est connu de tous que les corps gras sont insolubles dans l'eau. Dans des tubes à essai, munis de bouchons et contenant deux ou trois centimètres cubes de dissolvant avec quelques gouttes d'huile, constater que celle-ci se mêle parfaitement à froid : au *pétrole*, à la *benzine*, au *sulfure de carbone*, à l'*éther ordinaire*.

Ne jamais oublier que ces dissolvants sont très volatils et que leurs vapeurs sont des plus inflammables.

Dans l'alcool, la solubilité de l'huile est faible. Mais il est intéressant de constater que *l'acide stéarique* se dissout très bien dans *l'alcool chaud*.

Dans un long tube à essai mettre 20 centimètres cubes d'alcool à 95° avec environ 2 grammes de petits fragments de bougie stéarique. Opérer exactement comme pour dissoudre la naphtaline dans l'alcool chaud (§ 68).

Par refroidissement, on aura cristallisation de l'acide stéarique en lamelles, puis prise du tout en une masse solide à laquelle des stries régulières donnent un certain caractère cristallin.

CHAPITRE XI

PHÉNOL. — ACIDE PICRIQUE. — ANILINE. — ALCALOÏDES.

PHÉNOL. — ACIDE PICRIQUE.

110. Propriétés du phénol. — Dans des tubes à essai procéder aux réactions suivantes à l'aide d'une solution saturée de phénol dans l'eau.

1° Le *perchlorure de fer* donne une coloration violette. Prendre une solution très étendue de chlorure ferrique.

2° A la solution de phénol, ajouter le quart de son volume *d'ammoniaque* et quelques gouttes *d'eau de javel* ou de *chlorure de chaux* en solution fraîche. On obtient une coloration bleue qui s'accentue au contact de l'air et finit par disparaître.

3° Dans un verre, mettre de la solution de phénol; y ajouter de *l'eau bromée* jusqu'à ce qu'elle ne se décolore plus. Il se forme un précipité blanc de *phénol tribromé*.

Bien agiter et verser dans un tube à essai. Chauffer. Le phénol tribromé, soluble à chaud, disparaît; il se séparera par refroidissement à l'état cristallin.

4° Constater, avec un papier de tournesol bleu sensible, que la solution de phénol est très faiblement acide.

111. Préparation de l'acide picrique. — On chauffe, dans un ballon de 250 centimètres cubes, 10 grammes d'acide phénique en neige avec 5 centimètres cubes d'acide sulfurique concentré; ne pas oublier que le phénol est extrêmement corrosif et le manier avec précaution; on doit agiter souvent et maintenir la flamme très basse. Le liquide, d'abord rose, devient brun. Il faut arrêter avant qu'il ne passe au noir. Il s'est en effet formé du *phénol-sulfoné* dont il faut éviter la carbonisation.

Laisser refroidir et ajouter avec précaution 100 centimètres cubes d'eau distillée; les premières portions doivent être très faibles et il faut bien agiter à chaque addition d'eau; à cette dissolution, qui doit être claire, on ajoute 55 centimètres cubes d'acide azotique pur non fumant.

Chauffer alors très doucement, la réaction pouvant facilement s'emballer. Lorsque les vapeurs nitreuses commencent à apparaître, cesser de chauffer ; engager le col du ballon dans la pince d'un support, y adapter un bouchon muni d'un long tube à dégagement pénétrant dans le col d'un matras d'essayeur.

On a mis dans ce matras une solution de potasse ou de soude destinée à retenir une bonne partie des vapeurs nitreuses qui se dégagent. Le tube à dégagement doit s'arrêter dans le voisinage de la surface du liquide, mais sans y pénétrer, pour éviter toute absorption.

Quand la réaction se ralentit, on chauffe de nouveau pour la terminer. Enfin les vapeurs rutilantes diminuent tandis que le

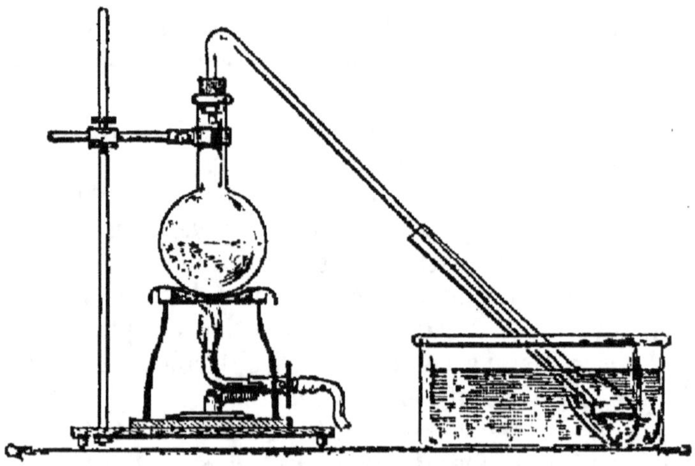

Fig. 70. — Préparation de l'acide picrique.

liquide se trouble, l'acide picrique commençant à se précipiter ; filtrer le liquide bouillant et laisser refroidir dans un verre. Il se déposera des cristaux d'acide picrique d'un beau jaune soufre.

112. Propriétés de l'acide picrique. — 1° 5 centimètres cubes du liquide précédent versé bouillant dans un tube à essai et additionné d'un excès de potasse, laisseront déposer par refroidissement des cristaux jaunes de picrate de potasse, explosif violent, mais sans danger tant qu'il est conservé dans l'eau.

2° L'acide picrique est lui-même un explosif. Pour le constater, prendre un tube à essai muni d'un bouchon fermant bien sans serrer, comme celui qui a servi à faire détoner le fulmi-coton. Le tenir horizontalement avec la pince en bois, et introduire une pincée d'acide picrique solide près de l'ouverture tandis qu'on chauffera le fond dans la flamme du bec Bunsen. Lorsque le verre est rouge, ôter le tube du feu, le boucher rapidement et le mettre dans la position verticale : dès que la matière touche le fond elle détone et chasse le bouchon avec production de vapeurs nitreuses et de noir de fumée.

Si on chauffe le tube contenant l'acide picrique graduellement, il fond sans détoner.

3° Dissoudre dans l'eau de l'acide picrique, ou bien prendre la solution préparée tout à l'heure étendue encore chaude de son volume d'eau avant la filtration ; y tremper un écheveau de laine ou de soie ; il en sortira teint en jaune, sans mordançage, d'une belle nuance résistante et indélébile, obtenue par simple contact.

En le trempant ensuite dans l'ammoniaque, la teinte passera au jaune foncé tirant sur le brun.

4° Observer qu'au contraire du phénol, l'acide picrique n'a pas d'odeur et présente au tournesol la réaction acide avec beaucoup d'intensité.

Remarque. — Une solution d'acide picrique saturée est un excellent remède contre les brûlures, surtout si l'application est immédiate. Par des compresses, ou, s'il est possible, par immersion, on évite la formation des phlyctènes et on supprime la douleur.

ANILINE.

115. Préparation de l'aniline. — Dans le ballon de 250 muni du tube à dégagement et du matras refroidi, qui nous a déjà servi (fig. 70), mettre 10 centimètres cubes d'*acide acétique* à 8° Baumé, autant de *mononitrobenzine*, et 15 grammes de *limaille de fer* bien propre. Adapter le tube et chauffer modérément, si la réaction ne se déclare pas d'elle-même. En tout cas, cesser de chauffer dès qu'elle est en activité pour recommencer sitôt qu'elle s'arrête.

Si la réaction a été menée très lentement, on a dans le matras de l'aniline, seulement mélangée d'un peu d'eau et d'acide acétique. Si, au contraire, elle a été tumultueuse une proportion importante de nitrobenzine a pu passer également. Alors, on *cohobe*, c'est-à-dire qu'on remet dans le ballon le liquide qui a distillé et on recommence. Quelles qu'aient été les circonstances de l'opération, on la pousse jusqu'à dessiccation du résidu, laquelle est accompagnée de la production de fumées blanches.

On verse alors le liquide distillé dans un verre à expériences.

114. Propriétés de l'aniline. — Constater qu'elle est peu soluble dans l'eau.

Ne pas oublier qu'elle est toxique.

C'est le terme primitif d'un grand nombre de matières colorantes.

a) Action du chlorure de chaux. — Dans un verre d'eau mettre, avec un agitateur, quelques gouttes de l'aniline préparée tout à l'heure. Bien agiter et verser quelques gouttes de chlorure de chaux en solution fraîche. Il se manifeste une belle teinte violette.

Cette teinte violette est d'ailleurs produite par la superposition de deux matières colorantes distinctes : mettre un peu de ce liquide dans un tube à essai avec un égal volume d'éther et agiter fortement. Lorsque les deux liquides se sépareront, l'un sera coloré en rouge, l'autre en bleu, l'éther ayant dissout une des matières colorantes et laissé l'autre à l'eau.

b) Action du bichromate de potassium et de l'acide sulfurique. — Dans un verre, mettre de l'acide sulfurique étendu à 20 pour 100. Ajouter goutte à goutte un peu d'aniline en agitant, pour dissoudre les flocons de *sulfate d'aniline* qui se forment.

Si à cette solution on en ajoute une autre de bichromate de potassium, avec précaution, il se produira une teinte bleue intense. Cette teinte pourra sembler plus ou moins verdâtre en raison des teintes primitives des produits en réaction.

115. Teinture par les couleurs d'aniline solubles. — Ces teintures, comme celle à l'acide picrique, s'exécutent sans mordançage. Prenons, par exemple, 4 à 5 grammes de flanelle ou de laine en écheveau ; plaçons-les, pendant 5 minutes, dans une capsule de porcelaine contenant une solution de carbonate de sodium à 5 pour 100, maintenue à l'ébullition ; on débarrassera ainsi parfaitement les fibres de l'apprêt ou des matières grasses qui peuvent y adhérer. Cela fait, bien rincer la laine dans l'eau courante, ou mieux, dans l'eau bouillante, et la mettre dans la capsule bien nettoyée et garnie cette fois d'une solution de *fuschine* dans l'eau à 0 gr. 05 par litre. On remarquera l'importance de la teinte communiquée au liquide par cette faible proportion de matière. Après quelques minutes d'ébullition, l'étoffe sera teinte en rouge et la solution sera décolorée ; la matière colorante a été absorbée et fixée par la laine en telle façon que la couleur résiste au lavage.

ALCALOÏDES.

110. Étude d'un alcaloïde. — Propriétés et réactifs du sulfate de quinine. — Les alcaloïdes sont des corps généralement très coûteux et d'une grande toxicité. Nous nous bornerons à étudier, à titre d'exemple, les propriétés de la quinine, qui ne présente guère ces deux caractères. Nous nous servirons de son composé le plus important, le sulfate de quinine pharmaceutique.

a) C'est un sulfate basique : on vérifiera que sa solution bleuit le papier imprégné de tournesol à la teinte sensible.

b) Il est peu soluble. Un demi-gramme ne se dissout pas dans un demi-tube à essai d'eau froide. Mais il y disparaît par ébullition et se dépose par refroidissement.

c) Cette solution a une saveur très amère. On peut la goûter sans danger.

d) Quelques gouttes d'acide sulfurique, ajoutées à froid, déterminent la dissolution rapide de tout le sel en excès. La dissolution ainsi faite présente une fluorescence bleue, visible surtout en regardant en pleine lumière la surface libre.

e) Un peu de cette solution traitée par l'eau de chlore, puis par l'ammoniaque, donne une coloration vert émeraude caractéristique des sels de quinine.

f) Un peu de sel solide, chauffé dans un tube à essai, dégage de la vapeur d'eau, prend une teinte rouge vermeil et enfin se carbonise.

g) Comme tous les alcaloïdes, cette solution réduit la solution de permanganate de potassium, qu'elle décolore. La réduction a lieu à froid; une très légère élévation de température la déterminera si elle est lente à se produire. La solution de permanganate doit être légèrement acidulée (avec de l'acide sulfurique ou chlorhydrique, par exemple).

117. Dédoublement de l'amygdaline des amandes amères. — Écraser des amandes amères sèches dans un mortier. Constater que le produit est dénué d'odeur.

En mettre un peu dans un verre, mouiller d'eau et bien agiter : il se développera une forte odeur de noyau, due à la production d'acide *prussique* et d'*aldéhyde benzoïque* (essence d'amandes amères).

TABLE DES MATIÈRES

PREMIÈRE PARTIE

MÉTALLOÏDES. — SELS DE SODIUM ET DE CALCIUM

DEUXIÈME PARTIE

FER. — ALUMINIUM. — CUIVRE. — ARGENT. — OR
CHIMIE ORGANIQUE

57931. — Imprimerie LAHURE, 9, rue de Fleurus, à Paris.